SOCIÉTÉ

DU

JARDIN ZOOLOGIQUE D'ACCLIMATATION

Du Bois de Boulogne.

EXPOSITION UNIVERSELLE

DES

RACES CANINES

DE 1865

FAITE SOUS LE PATRONAGE

DE LA SOCIÉTÉ IMPÉRIALE ZOOLOGIQUE D'ACCLIMATATION

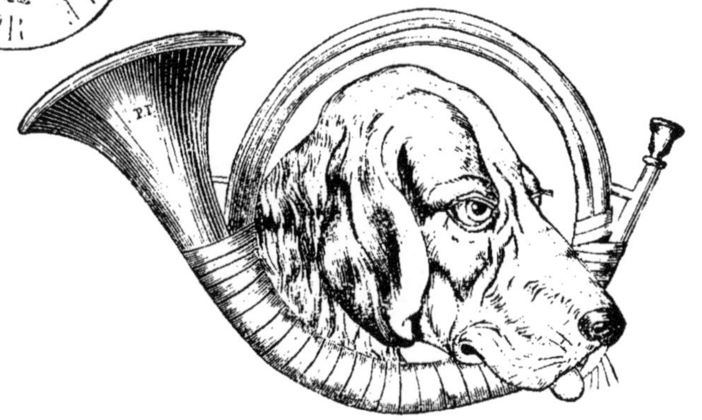

CATALOGUE DES CHIENS EXPOSÉS

PARIS

IMPRIMERIE ET LIBRAIRIE ADMINISTRATIVES DE PAUL DUPONT

RUE DE GRENELLE-SAINT-HONORÉ, 45

1865

JARDIN ZOOLOGIQUE D'ACCLIMATATION

DU

BOIS DE BOULOGNE

PARIS.

EXPOSITION DE CHIENS

1865

(Les Chiens dont l'étiquette ne porte pas de désignation appartiennent à des exposants qui n'ont pas rapporté leurs fiches.)

PREMIÈRE CATÉGORIE.

CHIENS D'UTILITÉ

(Servant à la défense de l'homme ou à la conduite des troupeaux.)

1re CLASSE.

CHIENS DE BERGER FRANÇAIS.

Chien de Brie et autres chiens de berger français.
Chien de toucheur de bœufs.

Les chiens de berger, qui occupent une place si importante chez tous les peuples pasteurs, passent à juste titre pour être les chiens les plus anciennement connus. Quoique depuis longtemps domestiqués sans doute, leurs formes ont peu changé et les races semblent presque partout être restées les mêmes. Celles-ci sont nombreuses, et l a France en compte plusieurs fort belles, parmi lesquelles nous citerons en première ligne le *chien de Brie*, qui se distingue par son pelage long et soyeux, généralement de couleur fauve ou isabelle. Parmi les autres types, celui que l'on rencontre le plus communément, est un grand chien à pelage noir ou fauve assez touffu, avec de grandes oreilles droites et pointues et une queue en panache. Une autre variété qui se rapproche du chien de Brie pour les formes, mais qui est plus haute sur pattes, a le poil demi-ras sur la tête et les épaules, puis il devient laineux comme celui du caniche sur le dos et sur la croupe, où il forme de grandes mèches tordues et bouclées de teinte brune. Enfin les chiens dont se servent les toucheurs de bœufs constituent une variété spéciale, à formes plus fortes et massives, à poil noir et rude. La plus grande partie naît sans queue, anomalie qui est sans doute une transmission héréditaire venant de la section de cet appendice. (Pierre Pichot.)

2e CLASSE.

CHIENS DE BERGER ÉTRANGERS.

Chiens de berger allemands.	Chiens de berger écossais (Colley.)
— anglais.	— russes, etc.

On retrouve à peu près les mêmes variétés de chien de berger sur tout le globe. Ceux de la Russie et de la Sibérie sont d'immenses animaux qui tiennent beaucoup de notre chien de Brie; ils ont comme lui un pelage épais et soyeux que l'on a souvent l'habitude de laisser se feutrer et qui forme alors sur tout le corps de l'animal de grands rouleaux applatis qui lui donnent un aspect très-original. (Pichot.) Les chiens de berger anglais sont de plus petite taille que les nôtres et ont le pelage plus soyeux; ils ont les oreilles droites ou seulement cassées du bout et une belle queue en panache. Le chien de berger d'Écosse, ou *Colley*, a le pelage plus laineux que celui de l'Angleterre, mais a comme lui les mêmes formes élégantes et les oreilles pointues retombant en avant. Les plus estimés sont noir et feu; ils ont souvent l'extrémité de la queue et le poitrail blancs. Les ergots supplémentaires des pattes de derrière sont souvent doubles. (J.-G. Wood.)

3e CLASSE.

CHIENS DE GARDE ET DE MONTAGNE.

Chien des Pyrénées.
— du Saint-Bernard.
— de Léonberg.
— de la Camargue.
— des Abruzzes.
Mâtin français.

Mâtin espagnol.
— écossais.
— de Saint-Domingue.
— du Mexique.
— breton.
Etc., etc.

Les chiens de montagne sont des races qui, par leur forte taille, peuvent lutter avantageusement contre les animaux sauvages et qui, moins intelligents que les chiens de berger pour la conduite des troupeaux, sont plus spécialement consacrés à leur garde et à leur défense ainsi qu'à celle des habitations. (Pichot.) Comme les chiens de berger, ils se rapprochent du type des animaux sauvages par leur tête allongée, leur museau pointu et leurs oreilles droites ou partiellement tombantes. Dans ce dernier cas, elles sont néanmoins de petite dimension, et n'atteignent jamais les proportions de celles des races plus domestiquées, comme chez les dogues et les chiens de chasse. Leur pelage est dur, et souvent ils ont le poil long comme pour mieux résister aux rigueurs des hautes régions qu'ils habitent. Dans presque tous les pays de montagnes on en trouve des races différentes. Les plus remarquables sont les *chiens des Pyrénées*, qui sont de grande taille; leur poil est dur, assez long et fourni; leurs oreilles sont tombantes et leur pelage blanc avec de grandes taches orange, ocre ou grises, surtout à la tête et au cou; leur queue est très-touffue. (Richardson.) Les *chiens des Alpes* leur ressemblent, mais ont le poil plus long et les oreilles plus droites; ceux *des Abruzzes* sont d'un blanc pur; ils ont les formes plus légères et plus élégantes; leurs oreilles sont droites, mais un peu cassées du bout. Les troupeaux italiens de la campagne romaine ont toujours une nombreuse escorte de ces chiens. Ils furent employés en France pour la chasse du loup par le chevalier Antoine, porte-arquebuse de Louis XV, qui tua la terrible bête du Gévaudan. (De Noirmont.) Les *chiens du mont Saint-Bernard* tiennent un rang important par suite des services qu'ils rendent aux voyageurs. L'espèce primitive que les moines dressèrent d'abord au service de sauvetage dans la neige, était un chien énorme, à pattes fortes et massives, la tête grosse et les babines pendantes, le pelage d'un jaune ocre plus ou moins foncé et un peu court, quoique très-fourni. Par suite d'une épidémie, vers l'an 1820, cette race disparut; un seul individu survécut, et les moines durent reconstituer leur race par des croisements avec les chiens de Leonberg, race analogue à celle des Pyrénées. (Hamilton Smith.) Les chiens qui accompagnaient autrefois les troupeaux de la Camargue descendaient sans doute des races des Alpes et des Pyrénées. Leurs oreilles sont assez pointues mais tombantes, et leur pelage blanc, presque laineux, était ondé et même frisé dans le jeune âge. Ils avaient les yeux bleus, étaient bas sur pattes et avaient les doigts largement palmés. (Pichot.) Dans l'Amérique du Sud, il y a plusieurs curieuses races de chiens de montagne qui n'ont été que rarement introduites en Europe; elles se rapprochent beaucoup du loup, et hurlent plutôt qu'elles n'aboient; on les emploie parfois au traînage. (Hamilton Smith.)

4e CLASSE.

CHIENS DES RÉGIONS BORÉALES.

(Grandes et petites races.)

Chien des Esquimaux.	Chien du Canada.
— de Sibérie.	— de Poméranie (dit Loulou).
— de Tartarie.	— d'Alsace.
— du Kamtchatka.	— d'Islande.
— du Groënland.	— de Laponie

Les chiens de cette classe, dont le chien des Esquimaux semble fournir le type, ont une physionomie bien spéciale et caractéristique. Ils ont le poil droit, roide et soyeux, le museau très-pointu, la tête allongée, les oreilles longues quoique droites et roides, la queue en brosse comme celle du renard, touffue et fortement recourbée sur le rein, formant presque un tour complet. Le *chien des Esquimaux* est de forte taille, à peu près aussi grand que le Terre-Neuve, d'un pelage blanc ou noir ou d'un blanc sale. Il supporte admirablement les privations et l'on ne conçoit pas comment il peut vivre des maigres débris de poisson qu'il trouve à ramasser autour des huttes de ses maîtres. On l'emploie au traînage. (Hamilton Smith.) Ceux *de la Sibérie* sont une race analogue, mais beaucoup plus petite. Ils connaissent admirablement leur route d'une poste à l'autre, et, attelés en longues files à des traîneaux légers de la façon la plus rustique par une corde qui leur emprisonne le cou et passe entre les jambes, ils partent au galop et ne s'arrêtent qu'à la poste suivante, sans qu'on ait besoin de les stimuler ou de les conduire. (Anderson.) Ces chiens sont représentés chez nous par le *chien de Poméranie* dit *loulou*, et le *chien d'Alsace* qui en dérive. Autrefois très-commun en France, où il gardait les impériales de diligences et les voitures de roulage pendant l'absence du courrier ou du charretier, avec une bruyante vigilance, le type pur a aujourd'hui disparu. En Angleterre, il est très apprécié et l'on en voit de fort jolis. On en trouve encore beaucoup en Hollande sur les bateaux qui naviguent sur les canaux ; ils y exercent les mêmes instincts de surveillance que jadis sur nos impériales de voitures publiques. (Hamilton Smith.) C'est à cette classe de chiens qu'appartient le véritable *chien comestible de la Chine*, que l'on confond à tort avec le chien chinois nu. Son pelage est, le plus souvent, d'un roux vif ou orangé, et il est assez bas sur pattes. (Richardson.)

5e CLASSE.

CHIENS DE TERRE-NEUVE ET DU LABRADOR.

Chien de Terre-Neuve noir à poil ras.	Chien de Terre-Neuve blanc et noir.
— — à poil frisé.	— du Labrador.

Les chiens de Terre-Neuve, aujourd'hui si communs en France et en Angleterre, sont originaires, comme leur nom l'indique, de l'Amérique du Nord ; on les emploie à Terre-Neuve pour le charriage des bois, et, pendant la saison de la pêche, qui est pour eux la morte saison, on les laisse errer au hasard autour des villages et chercher leur nourriture comme ils peuvent. (HAMILTON SMITH.) L'espèce primitive est toute noire, à poil plutôt ondé que frisé, petite de taille, un peu longue de corps et basse sur pattes. C'est par des croisements avec des chiens de montagne que l'on a obtenu la grande variété de Terre-Neuve blancs et noirs, si commune chez nous. En Angleterre, l'espèce typique noire est assez commune et la plus estimée. (PICHOT.) Les Terre-Neuve sont de véritables chiens d'eau; les doigts de leurs pattes sont largement palmés, et leur précieux talent de natation les a souvent rendus utiles dans des sauvetages. Il y a des *chiens de Terre-Neuve à poil ras;* ils sont tout noirs, un peu bas sur pattes et longs de corps. Cette variété est rare et peu connue en Europe. Les *chiens du Labrador* ont un pelage plus laineux et plus bouclé que celui du Terre-Neuve; leur taille est beaucoup plus grande et leur couleur est un mélange de gris et de brun doré. (PICHOT.)

6e CLASSE.

CHIENS DOGUES (Mastiff).

Grand Dogue de Bordeaux.
Dogue blanc et noir.
— espagnol.
— de Cuba

Dogue du Thibet.
— anglais à face noire (British Mastiff).
Etc.

La grosseur de la tête de ces chiens, due au volume des muscles de la mâchoire et à l'écartement de ses branches, est le caractère le plus saillant de leur conformation. Confiants dans leur force matérielle, ils emploient peu la ruse, et attaquent de front, sans hésiter, avec une impétuosité dont ils sont souvent victimes. Leur museau est court et tronqué; leurs babines sont larges et pendantes; leurs oreilles demi-tombantes et de forme déjà très-arrondie; leur peau forme sur le front des rides nombreuses, leur pelage est ras et serré; enfin, ils ont tous les signes d'une longue domesticité. (HAMILTON SMITH.) Les Grecs semblent n'avoir connu ce type de chien qu'à partir de l'époque des conquêtes macédoniennes, et c'est alors seulement que les auteurs classiques en font mention. (OPPIAN.) Comme pour les chiens de montagne, il y en a de nombreuses variétés locales. Les plus célèbres et les plus beaux sont peut-être les *dogues anglais* (*English mastiff*), qui furent probablement importés par les Celtes dans le nord-est de l'Angleterre, et les Romains en faisaient venir beaucoup pour leurs combats du cirque. (HAMILTON SMITH). Ils ont aujourd'hui un pelage fauve uniforme, à manteau noir. En France, il y a plusieurs belles variétés de dogues; celle *de Bordeaux*, de grande taille, est bien connue; sa robe est blanche, blanche et noire ou fauve bringé. Les *dogues d'Espagne* sont plus petits; on les emploie pour chasser le sanglier et pour exciter les taureaux dans les combats du cirque, où on les désigne sous le nom de *perros de presa*. Les dogues Espagnols sont sans doute l'origine des dogues de l'Amérique du Sud, et notamment de ceux de Cuba, qui ont été beaucoup croisés avec les Bloodhounds, afin de former une race employée avec un cruel succès à la poursuite des nègres fugitifs. (HAMILTON SMITH.)

7e CLASSE.

BULL-DOG.

Les Bull-dogs sont une des plus anciennes races de l'Angleterre. Ils ont été beaucoup plus grands qu'aujourd'hui ; mais leur courage et leur impétuosité dans l'attaque n'ont pas diminué avec leur taille. (HAMILTON SMITH.) Leur caractère est triste et morose; mais c'est à tort qu'on les a accusés de n'être pas susceptibles d'autant d'affection pour leurs maîtres ni d'autant d'intelligence que n'importe quelle autre race de chiens. Les Anglais se sont servis avec avantage du Bull-dog dans la formation de plusieurs de leurs races, et tout dernièrement encore on l'a utilisé pour donner du fond et du mordant aux lévriers, qui sont tellement en honneur de l'autre côté du détroit. (STONEHENGE.) Par sa construction, le Bull-dog est une véritable mâchoire vivante, construite pour mordre et ne point lâcher; la gueule est large et bien fendue ; la tête grosse, afin de fournir des attaches à des muscles puissants ; le nez a été peu à peu rejeté complétement en arrière, afin que l'animal, ayant une fois saisi sa proie, puisse respirer à son aise sans la lâcher, et, par suite de cette conformation, la mâchoire inférieure se trouve projetée en avant. Depuis que le jeu barbare des combats de taureaux a disparu des mœurs anglaises, la taille de ces chiens a été graduellement diminuée, et ils ne sont plus guère employés que pour des croisements, excellents pour la chasse dans les terriers et pour la destruction des rats. (Pichot.)

1re SOUS-CLASSE.

Bull-dogs au-dessus du poids de 6 kilos.

Bull-dog bringé.
— noir et blanc.
Bull-dog blanc.
— jaune.

2e SOUS-CLASSE.

Bull-dogs au-dessous du poids de 6 kilos.

Bull-dog bringé.
— noir et blanc.
Bull-dog blanc.
— jaune.

8e CLASSE.

BULL-TERRIERS.

Cette race de chiens est issue du croisement du Bull-dog et du Terrier à poil ras. Il tient par ses formes de l'un et de l'autre ; le corps se rapproche davantage du Terrier, et la tête du Bull-dog. Ils sont plus vifs et plus adroits que le Bull-dog, mais ils ont peut-être encore plus de courage que lui, et sont bien plus mordants et plus tenaces que les Terriers. (Wood.) Excellents destructeurs de vermine, on a souvent vu des Bull-terriers pesant moins de quatre kilogrammes, prendre des renardeaux ou de jeunes blaireaux gueule dans gueule, et les arracher à reculons du fond de leur repaire. (De Noirmont.) Par suite de l'usage auquel ils sont destinés, on doit rechercher les Bull-terriers de petite taille, qui peuvent terrer plus facilement, et sont par conséquent plus utilisables.

1re SOUS-CLASSE.

Bull-terriers au-dessus du poids de 5 kilos.

Bull-terrier bringé.	Bull-terrier fauve.
— blanc.	— noir, etc.

2e SOUS-CLASSE.

Bull-terriers au-dessous du poids de 5 kilos.

Bull-terrier bringé.	Bull-terrier blanc.

Bull-terrier noir.

9e CLASSE.

TERRIERS A POIL RAS.

Les Terriers sont des chiens de petite taille, employés, comme leur nom l'indique, à aller attaquer les animaux sauvages dans leurs retraites souterraines. (Richardson.) Ils ont presque partout remplacé les Bassets pour cet usage. (De Noirmont.) Leurs variétés sont nombreuses; mais on peut, dès l'abord, les diviser en deux sections, celle des Terriers à poil ras, et celle des Terriers à long poil, ou griffons. Les Terriers à poil ras sont hauts sur pattes; ils ont la queue fine, le museau pointu, les oreilles droites et cassées à l'extrémité. Il y en a de tous pelages. Les variétés les plus remarquables sont les *Terriers à renard* anglais, aujourd'hui généralement blancs et fauves, qui accompagnent les meutes dans les comtés où l'on ne bouche pas les terriers les jours de chasse (Richardson); puis les *Terriers noir et feu*, espèce commune en Angleterre, et qui fournit d'excellents destructeurs de rats. On a l'habitude de leur couper les oreilles en pointe, afin que dans leurs combats leurs adversaires aient moins de prise sur eux; mais, depuis quelques années, les Anglais ne coupent plus les oreilles de ceux qu'ils emploient pour aller sous terre, regardant avec raison cet appendice comme un couvercle protecteur de l'intérieur de l'oreille. On trouve des Terriers qui ont un double nez, c'est-à-dire que les narines sont séparées par un profond sillon longitudinal ; mais cette difformité héréditaire ne constitue pas précisément une race spéciale.

1re SOUS-CLASSE.

Chiens terriers au-dessus du poids de 4 kilos.

Terrier blanc.
— noir et feu.
Fox-terrier.
Terriers divers.

2e SOUS-CLASSE.

Chiens terriers au-dessous du poids de 4 kilos.

Terrier blanc.
— noir et feu.
— divers.

10e CLASSE.

TERRIERS A LONG POIL.

Terrier-Griffon à double nez.
— à nez simple.
Terrier à long poil.
Scotch-Terrier.
Highland-Terrier.
Skye.
Terrier de l'Amérique du Sud.
Dandy-Dinmont.

Les variétés de Terriers à long poil sont plus nombreuses que celles à poil ras. Pour les formes, ils ressemblent à ceux des classes précédentes, et sont comme eux d'excellents destructeurs de vermine. Les petits *Terriers-Griffons* à deux nez sont généralement blancs avec les yeux bleus. Les *Terriers d'Ecosse* présentent deux variétés, l'une à poil dur, généralement gris ou rouge, qui fournit le plus souvent de petits chiens de luxe ; l'autre, basse sur pattes, longue de corps et revêtue d'un pelage long et épais. De cette dernière variété se rapprochent les *Terriers de l'île de Skye ;* ils sont beaucoup plus longs de corps : ce sont de véritables Bassets à long poil, mais leurs oreilles sont grandes et droites. Ces chiens sont plus spécialement employés en Angleterre pour la chasse du lapin, et sont aussi, le Terrier d'Écosse surtout, d'excellents destructeurs d'animaux nuisibles. (Richardson.) Les *Dandy-Dinmout* sont une race particulière à l'Écosse, et devenue aujourd'hui très-rare. Leur couleur est grise poivre et sel, ou fauve. Leur poil est long et dur, et ils sont très-bas sur pattes.

11e CLASSE.

CHIENS DANOIS.

1re SOUS-CLASSE.

Grand Danois.

Le Grand Danois est un chien de la famille des dogues. Il est de la plus haute taille, et joint à une grande force une grande élégance de formes. Son museau est assez gros et coupé carrément, ses oreilles courtes et un peu pendantes, sa robe ordinairement d'un blanc bleuâtre, tacheté et pointillé de noir. Il y en a aussi de fauves bringés. Les individus qui ont le nez rose et les yeux blancs ou vairons peuvent faire remonter leur origine jusqu'aux Alans décrits par Gaston Phœbus. (De Noirmont.) Cette race est devenue très-rare aujourd'hui en France; on la trouve encore assez répandue en Russie, au Danemarck surtout et dans le Nord de l'Allemagne. (Hamilton Smith.) Dans ces pays on l'a souvent employé à la chasse de l'ours et de l'élan. C'est une race que l'on a eu tort peut-être de négliger comme chien de garde, car elle joint à la force et à la beauté des formes un caractère doux et enjoué, ce qui n'est pas toujours le cas avec les autres chiens de garde, trop souvent dangereux pour leurs propriétaires eux-mêmes. (Pichot.)

2e SOUS-CLASSE.

Danois (Dalmatian).

Cette race de chiens, autrefois très-commune et fort à la mode en France, a aujourd'hui presque disparu de notre pays; son origine est obscure, et certains auteurs prétendent qu'elle est orientale, par la ressemblance du Danois avec quelques chiens à pelage marbré que l'on retrouve sur les monuments. (Hamilton Smith.) Par ses formes, le Danois tient et du chien d'arrêt et du chien courant; son pelage est ras, presque tout blanc et complétement tiqueté de gros points noirs qui souvent prennent les dimensions de taches. (Wood). C'était un fort joli chien d'ornement dont on se faisait autrefois suivre à cheval ou en voiture; on avait l'habitude de lui couper les oreilles au ras de la tête, ce qui lui donnait une physionomie toute particulière. Ce chien, moins intelligent que les autres espèces de luxe, est remarquable par son attachement pour les chevaux. Il est aujourd'hui passé de mode en France, mais on en trouve beaucoup en Angleterre.

CHIENS DE LA PREMIÈRE CATÉGORIE.

N° 1. — *Ravotte*, à M. Teyssier des Farges.
2. — *Moustache*, à M. Félicien Fense.
3. — *Moustache*, à M. Adolphe Oui.
4. —
5. — *Champagne*, à M. Louis Coutard.
6. — *Fanfan*, à M. Teyssier des Farges.
7. —
8. — *Fouine*, à M. Geraux.
9. — *Faraud*, à M. Gazo.
10. — *Marquise*, à M. Paul Caillard.
11. — *Moustache*, à M. Pierre Larousse.
12. — *Marinette*, à M. Albert Dufour.

13. — *Canne*, à M. Aureille Gazard.
14. — *Cambrol*, à M. Bermel.
15. — *Moustache*, à M. Jean Simon.
16. — *Dérangetout*, à M. Radiguey.
17. — *Turc*, à M. Matthieu Bornand.
18. —
19. — *Lajoie*, à M. Louis Coutard..
20. — *Mina*, à M. Chrétien Ruoff.
21. — *Sans-Gène*, à M. Victor Lecomte.
22. — *Brisac*, à M. Murat.
23. — *Léveillé*, à M. David Villette.
24. — *Moustache*, à M. Marchal.
25. — *Charmante*, à M. Brivois.
26. — *Soulouk*, à M. Jacquot.
27. —
28. —
29. — *Castor*, à M. Armand Gontier.
30. — *Héro*, chien de berger d'Écosse, à M. H. William A. Vanneck.
31. —
32. —
33. — *Bjo*, à Mademoiselle Aline de Soutzo.
34. — *Picard*, à M. Bridault père.
35. — *Pataud*, à M. Richard.
36. — *Miss*, à M. Richard.
37. — *Pataud*, à M. Richard.
38. — *Porto*, à M. Louis Touzin.
39. —
40. —
41. —
42. — *Turco*, à M. Pion.

N° 43. — *Lion*, à M. Tony-Montel.
44. — *Toto*, à Mme Quérey.
45. — *Lion*, à M. Alf. Daout.
46. — *Rigolo*, à M. le comte de Courcy.
47. — *Bébé*, à M. Delarue.
48. — *Jasso*, à M. Liotard.
49. — *Mahoura*, à Mme Louis Halfen.
50. —
51. —
52. — *Tom*, à M. Pinard,
53. — *Loulou*, à M. François Gorlier.
54. — *Pierrot*, à M. Alfred Momy.
55. —
56. — *Blanchettte*, à M. Gunthez.
57. — *Porthos*, à M. Chaix.
58. — *Héron*, à M. le duc de Fitz-James.
59. — *Turc*, à M. Boufartigue.
60. — *Bob*, à M. H. Drake.
61. —
62. — *Mousse*, à M. Henri Lavigne.
63. — *Dragon*, à M. Rappe.
64. — *Diane*, à M. Pascal Gréau.
65. — *Pataud*, à M. Delouches.
66. — *Turc*, à Mme Santin.
67. — *Tricot*, à M. Dudonné.
68. — *Tom*, à M. Iffernet.
69. — *Vide-Gousset*, à M. Thuiller.
70. — *Léda*, à Mme Guintrand.
71. — *Turc*, à Mme Guintrand.
72. — *César*, à M. Guintrand.
73. — *Fristz*, à Mme Guintrand.

N° 74. —
75. — *Diamant*, à M. Camatte
76. —
77. — *Mylord*, à M. Arsène Dubrac.
81. — *Porthos*, à M. Poitrin.
82. — *Brésil*, à M. Deguignand.
83. — *Malakoff*, à M. Théodore Néon.
85. — *Jupiter*, à M. Besnehard.
87. — *Porthos*, à M. Brasse.
89. — *Mouton*, à M. Dubois Billard.
91. — *Mauregard*, à M. César Bonneau.
93. — *Bibi*, à M. Jobard.
95. — *Topaze*, à M. Camatte.
97. — *Coma*, à M. Jourdin.
99. — *Porthos*, à M. E. Lémezet.
101. — *Blanche*, à M. Ruinet.
103. — *Pirate*, à M. Eugène Dinville.
105. — *Tom*, à M. Adolphe Belloir.
107. — *Tom*, à Mme veuve Ducos.
109. — *Porthos*, à M. Antoine David.
111. — *Pyrame*, à M. Fourel.
113. — *Lion*, à Mme veuve Clément.
115. — *Mouton*, à M. Camatte.
117. — *Rubis*, à M. Chaix.
119. — *Pierre*, à. M. Merlin,
121. — *Lisette*, à M. Caux.
123. — *Sultan*, à M. Martini.
124. — *Sultane*, à M. Deloche.
126. — *Pataud*, à M. Hardouin.
128. — *Alma*, à M. Charon.

N° 130. — *Mencheny*, à M. le marquis de Castellane.
132. — *Turc*, à M. Wilhelm Cardwell.
134. — *Roustic*, à M. A. Boué.
136. — *Butor*, à M. Froumenty.
138. — *Moricau*, à M. Guilleminot.
140. — *Sultan*, à M. Choinel.
144. — *Maroc*, à M. Edouard Delessert.
146. —
148. — *Pomard*, à M. Numa Grand.
150. — *Rumhum*, à sir Robert Clifton.
152. — *Quaker*, à M. Edward Hicholls.
154. — *Turc*, à M. Elie Chatelain.
156. — *Pyrame*, à M. J. Courcelle Pérille.
158. — *Tranquille*, à M. Auguste Lancelin.
160. — *Young-Dick*, à M. Fox Wrigth.
162. — *Stop*, à M. Poulbier.
164. —
166. — *Bleucq*, à M. Louis Vitry.
168. — *York*, à M. Ed. Bouts.
170. — *Bébé*, à M. Joseph Hellouin.
172. —
174. — *Nicolas*, à M. Duhamel
176. — *Porthos*, à M. Auguste Boisseuse.
178. — *Franconi*, à M. Charlot.
180. — *Patoche*, à M. Desgrois.
182. — *Gecq*, à M. Jollivet.
184. — *Boule*, à M. Jules Mathieu.
186. — *Stopp*, à M. Louis Graffard.
188. — *Nicolas*, à M. Etienne Picard.
190. — *Boule*, à M. Louis Moulin.

N° 192. — *Duchess*, à M. Fox Wright.
194. — *Flute*, à M. Hyacinthe Chéron.
196. — *Dogue*, à M. François Rognon.
198. — *Duc*, à M. Edmond Van den Meulen.
200. —
202. — *Fouinard*, à M. Flamant.
204. — *Coquette*, à M. Pradelle Bazile.
206. — *Mira*, à M. Édouard Meunier.
208. — *Fanchette*, à M. Auguste Lancelin.
210. — *Tom*, à M. Rougier.
212. — *Dach*, à M. Alfred Dubourg.
214. — *Jupiter*, à M. Victor Lanos.
216. — *Turquette*, à M. Beguin.
218. — *Léda*, à M. Isidore Thise,
220. — *Thom*, à M. Félix Réné.
224. — *Diamant*, à M. J.-B. Giroux.
226. — *Fanfan*, à M. Louis-Jacques Lenguenard.
228. — *Frocks*, à M. Louis Lavet.
230. — *Crapaud*, à M. Beaufils.
232. — *Tappe*, à M. Antoine Buisson.
234. — *Mylord*, à M. le comte Le Couteulx de Canteleu.
236. — *Ketty*, à M. G. Lefèbvre.
240. —
243. — *Crinoline*, à M. le comte Le Couteulx de Canteleu.
244. — *Jupon*, à M. le comte Le Couteulx de Canteleu.
245. — *Turco*, à M. Charles Petit.
246. — *Rigolo*, à M. Charles Garnier.

N° 247. — *Noireau*, à M. d'Apremont.
248. — *Benetto*, à M. Patin.
249. — *Mirza*, à M. Pomerol.
250. — *Billy*, à M. le comte Le Couteulx de Canteleu.
251. — *Boule*, à M. Copin.
252. — *Finette*, à Mme Oury.
253. — *Fadette*, à M. Boucon,
254. — *Comtesse*, à M. Iffernet.
255. —
256. — *Mire*, à M. Gendrop.
257. — *Gipsy*, à M. Auguste Fournier.
258. — *Boulotte*, à M. Deslée.
259. — *Niska*, à M. Beguin.
260. — *Miss*, à M. Eugène Raoult.
261. — *Tom*, à M. Auguste Fournier.
262. — *Betzy*, à M. Robert d'Houdemare.
263. — *Taquette*, à M. Thuayze.
264. — *Miss*, à M. Ernest Chassé.
265. — *Coquette*, à M. Charles Bocquet.
266. — *Dartagnan*, à M. Pardon.
267.
268. — *Mirza*, à M. Casimir Coupeux.
269. — *Lorette*, à M. Lucien Mariller.
270. — *Margot*, à M. Charles Bocquet.
271. — *Rose*, à M. le vicomte H. d'Onsenbray.
272. — *Javotte*, à M. Ch. Petit.
273. — *Comire*, à M. Chevalier.
274. — *Fifi*, à M. Jude Catez.
762. —
278. — *Miss*, à M. Grobon.

N° 280. — *Fanny*, à M. Thierry d'Alsace.
282. — *Comire* à M. Guillaume Bataillon.
284. — *Bello*, à M. Felix Biré.
286. — *Tom*, à M. Louis Neyrault.
288. — *Capitaine*, à M. Emile Allémandi.
290. —
292. — *Tartar*, à M. Duhamel.
293. — *Margot*, à M. Denne.
295. — *Tom*, à M. Quentin.
297. —
299. — *Radis*, à M. Joseph Ourdouillé.
301. — *Crib*, à M. Anatole Barthélemy.
303. —
304. —
305. — *Dash*, à M. de La Croix.
306. — *Chiq*, à sir Robert Clifton.
307. — *Crib*, à sir Robert Clifton.
308. — *Chance*, à sir Rober Clifton.
309. — *Choppe*, à M. Beaufils.
310. — *Fritz*, à M. Aristide Couteaux.
311. — *Dandy*, à M. John William Guppy.
312. — *Dandy*, à M. Georges Hitter.
313. — *Dandy*, à M. Georges Hitter.
314. — *Bischop*, à M. Auguste de Belleyme.
315. — *Tourniquet*, à M. le baron Abel Rogniat.
316. — *Tiny*, à M. Paul Caillard.
318. — *Pluton*, à M. Clodius Finet.
319. — *Creeb*, à M. Legros.
320. — *Fifi*, à M. Chevalier.
321. —

N° 322. — *Fox*, à M. le baron de Pussin-Amory, aide de camp de S. A. I. le prince Napoléon.
323. — *Sam*, à M. John William Guppy.
324. — *Miss*, à M. A. Geoffroy Saint-Hilaire.
325. — *Griffonne*, à M. Ch. Bocquet.
326. — *Fly*, à M. Gunthez.
327. — *Quély*, à M. Laurent.
328. —
329. — *Fidèle*, à M. Baker.
330. — *Snap*, à M. Paul Caillard.
331. — *Chiquette*, à M. Backer.
332. — *Jupiter*, à M. R. Niedermeyer.
333. — *Jeanne*, à M. A. Niedermeyer.
334. — *Pepi*, à M. Remy Mériau.
335. — *Schnautz*, à M. Remy Mériau.
336. — *Charley*, à Sir Robert Clifton.
337. — *Victon*, à M. John William Guppy.
338. — *Pitch*, à M. le comte de Vauvineux.
339. — *Lara*, à M. Dupont.
340. — *Adam*, à M. Paul Caillard.
341. — *Castor*, à M. Ravry fils.
342. — *Mirza*, à M. Ravry fils.
343. — *Gexi*, à M. Ravry fils.
344. — *Arthur*, à M. Hamelin.
346. — *Sandy*, à M. E. Nicholls.
347. — *Raplh*, à M. Richard.
348. — *Dandy*, à M. Jonh William Guppy.
349. — *Duchess*, à M. Georges Rutherford.
350. — *Fan*, à M. Roast.
351. — *Pett*, à M. Ch. Bocquet.

N° 352. — *Duchess*, à M. le vicomte d'Albon.
354. — *Jesse*, à M. William Edmonds.
356. — *Miss*, à Mme Marie Mathieu.
358. —
360. — *Fido*, à M. E. Nicholls.
362. — *Prince*, à M. le vicomte d'Albon.
364. — *Ramono*, à M. Alexandre Jacquerod.
366. — *Bruin*, à M. le baron Pérignon.
368. — *Lisbonne*, à M. Ch. Bocquet.
370. — *Pierrot*, à M. Guillaume Paillard.
372. — *Tigris*, à Mme la comtesse Julie Batthyany Apraxin.
374. — *Sultane*, à M. Barbotte.
376. — *Sans-Cesse*, à M. Ch. Bocquet.
378. — *César*, à M. Stieglemann.
380. — *Thik*, à M. le duc de Rianzarès.
381. — *Diabolina*, à M. le duc de Rianzarès.
382. — *Thake*, à M. le duc de Rianzarès.
383. — *Mirza*, à M. Gaudin.
385. — *César*, à M. John Arthur.
387. — *Juno*, à M. John Arthur.
389. — *Ponto*, à M. Zambaco.
390. — *Candide*, à M. Charles Félix.
391. —

DEUXIÈME CATÉGORIE.

CHIENS DE CHASSE COURANTS.

12e CLASSE.

CHIENS DE SAINT-HUBERT (Bloodhounds).

Le *chien de Saint-Hubert*, l'une de nos plus nobles races de chiens courants, est de très-grande taille et mesure souvent plus de 0,75 c. à l'épaule. Son pelage, assez court et fin, surtout à la tête et aux oreilles, est d'un noir tirant sur le roux, aux sourcils de feu, aux pattes de la même couleur, oreilles assez longues, reins assez courts, moins haut sur jambes que le chien normand et moins disciplinable, mais plus ardent, plus vite et donnant sur tout. Chasseurs intrépides, ces chiens ne quittent leur animal qu'à la mort, et c'est à eux que revient souvent l'honneur de ces chasses extraordinaires dont se glorifiaient les annales de la vieille venerie. Vers la fin du VIIe siècle, dit-on, saint Hubert introduisit dans les Ardennes cette race de chiens, qui a pris son nom, et que les abbés de Saint-Hubert conservèrent précieusement en mémoire de leur fondateur. Au moment de la conquête des Normands, ils passèrent probablement en Angleterre ; mais il y en eut sans doute aussi une grande importation sous Henri IV, lorsque MM. de Beaumont et Dumoustier menèrent à Jacques Ier des chiens de France. (LE COUTEULX.) La finesse extraordinaire de leur odorat a été employée dans la Grande-Bretagne comme dans l'Amérique du Sud, où cette race avait été introduite par les Espagnols, à la poursuite de l'homme. Les Edouards se sont servi de ces chiens dans leurs guerres en Écosse contre les Bruces, et Élisabeth dans les guerres d'Irlande. (GÉRUZEZ.) Enfin, ils ont servi à combattre le braconnage en Angleterre, et une société formée dans le Northamptonshire, il y a une soixantaine d'années, pour la répression du brigandage, se servait notamment de ces chiens pour découvrir les voleurs de moutons. (De Noirmont.) Cette race domina longtemps dans tous les équipages de France, où elle a toujours fourni des limiers jusqu'à la Révolution (Le Couteulx); mais peu à peu elle disparut presque complétement de France, et on ne la retrouve guère plus aujourd'hui qu'en Angleterre et à Cuba, où on emploie ces chiens à la poursuite des nègres marrons. Depuis longtemps les Anglais ne se servent plus des *Bloodhounds* pour la grande chasse à courre. Un seul équipage, celui de M. Thomas Nevill, chasse encore le cerf avec une quarantaine de ces chiens; mais beaucoup de nobles familles anglaises ont conservé cette race dans toute sa pureté, et se servent d'un ou de deux Bloodhounds pour la chasse des daims, qui vivent en troupeaux si considérables dans les parcs anglais, où ils sont d'un très-grand rapport. (Géruzez.) En Angleterre, les Bloodhounds fauves, à manteau noir, sont considérés comme les plus beaux; mais il y en a de roux uniforme, ou dont le manteau est simplement un peu plus chaud de ton, ou poil de lièvre. Les *Bloodhounds de Cuba* ont le même pelage, mais ils sont plus lourds de formes, les rides de leur visage sont plus marquées, et ils ont les babines plus grosses et plus pendantes. (Richardson.)

13e CLASSE.

CHIENS COURANTS.

Chien de Saintonge.	Chien du Poitou.
Chien de Gascogne.	Etc.

Ces chiens, qui sont les types des races de chiens courants méridionales, sont également très-anciens. Les *chiens de Gascogne* sont de la plus haute taille, bleus ou blancs avec beaucoup de taches noires et de marques couleur lie de vin, souvent du feu aux yeux et aux pattes; ils ont la tête forte, quelquefois un peu longue, le nez entièrement large, et la paupière inférieure très-tombante, ne laissant souvent voir de l'œil que le rouge. Chassant le loup dans la perfection, c'est ce qu'on peut appeler une race de chiens de loup. (Le Couteulx.)

Les *chiens de Saintonge* sont peut-être la plus grande, la plus belle et la plus noble de toutes les races françaises. Blancs, marqués de noir avec quelques feux pâles, légèrement tachetés de noir sur le poil, les chiens de Saintonge ont l'oreille longue et papillotée, le cou long et mince, la poitrine profonde, le rein étroit et cambré. la cuisse plate, la queue attachée bas, la patte de lièvre sèche et nerveuse. La race pure de Saintonge est devenue rare depuis quelques anneées; mais beaucoup de nos races méridionales en descendent. Elle n'est pas décrite dans les premiers traités de vénerie, mais on la retrouve incontestablement dans quelques vieux tableaux. La noblesse et l'antiquité de ces chiens est donc certaine, et l'on ne peut s'empêcher de penser qu'ils doivent avoir un degré de parenté très-proche avec les chiens blancs du Roi. (De Noirmont.)

Les *chiens du haut Poitou*, sous poil tricolore, de moyenne taille, à la tête busquée, à l'oreille médiocre, mince et soyeuse, au dos harpé, à la poitrine profonde, étaient d'excellents chiens de loup. Les plus estimés étaient les chiens de Larye, qui passaient pour avoir été amenés d'Écosse par la famille de ce nom. Par suite de croisements, ces chiens aussi étaient, à la Révolution, devenus très-rares. On raconte dans le pays qu'un gentilhomme poitevin qui possédait le dernier couple de chiens de Larye, ne pouvant se résoudre à les tuer en partant pour l'émigration, imagina de leur couper la queue et les oreilles. Les nobles animaux échappèrent ainsi à la tourmente, et leur maître put à son retour s'en servir pour propager la race. Les *chiens du bas Poitou* se rapprochaient des chiens de Saintonge : ils étaient blancs et noirs comme eux. (Le Couteulx.)

14e CLASSE.

CHIENS COURANTS.

Chien vendéen à poil ras.
— d'Artois.
Chien normand.
Etc.

Cette classe a été réservée aux chiens courants à poil ras, se rapprochant des types du nord et de l'ouest de la France. Le normand, le vendéen et l'artésien sont les races principales. On ne trouve aucun renseignement sur les *chiens normands* avant le règne de Louis XIV. A cette époque, ils fournissaient de nombreux sujets à la vénerie royale. (De Noirmont.) Il y en avait autrefois deux races, l'une de chiens gris-fauves et noirs, l'autre de chiens blancs. (Leverrier de La Conterie.) D'Yauville prétend qu'ils descendaient des chiens de saint Hubert, car ceux de son époque étaient noirs, marqués de feu et de blanc. De ces trois types sont descendus les chiens normands tricolores. (De Noirmont.) Ils avaient la tête longue, le front ridé, les naseaux bien ouverts, les babines tombantes, l'oreille basse, mince, papillotée en dedans, l'œil gros, la paupière inférieure tombante, le *fanon de bœuf,* le corps long et robuste, le rein haut et arqué, la queue souvent grosse, mais très-bien portée en cierge, les cuisses bien gigotées, les pieds secs et pointus. Dès le règne de Louis XVI, ces chiens étaient devenus rares par suite des croisements que l'on avait faits avec les chiens anglais importés sous Louis XV. (Le Couteulx.)

Les *chiens d'Artois* sont originaires de la Picardie; ils étaient très-recherchés autrefois, principalement dans les équipages de lièvre. Ils étaient blancs, avec taches fauves ou grises, tête courte, nez court et un peu retroussé, front large, œil gros et beau, oreilles plates assez longues, corps assez rablu, queue fournie, retroussée et quelquefois recourbée. (Le Couteulx.) Ils étaient justes à la voie, requêtant merveilleusement et rapprochant un lièvre passé d'une heure dans les sécheresses; ils avaient de belles gorges et des voix hautaines qui se faisaient entendre d'extrêmement loin : c'étaient des chiens qui chassaient le loup comme le lièvre, et ne voulaient point du renard. (Selincourt.)

Les *chiens de Vendée* étaient peu connus avant le sénéchal Gaston, qui se fit donner par Louis XI le premier de ces chiens qu'aient eus nos rois. Il s'appelait *Souillard.* Il en tira race avec une lice nommée *Baude,* et ces chiens devinrent les chiens de la couronne, que, sous Louis XIV, on appelait encore les grands chiens blancs du Roi. (Le Couteulx.)

C'est de ces chiens blancs que l'on suppose que sont descendus les vendéens. Ils ont la tête nerveuse, l'oreille souple, mince, longue et tombante, le poil court et fin, le fouet effilé, incomparables pour la finesse de l'odorat; ils ne craignent pas la chaleur, mais redoutent un peu le froid, et se créancent difficilement. (LE COUTEULX.)

15e CLASSE.

CHIENS COURANTS.

Chien vendéen à poil long.	Chien bressan.
— breton.	— à loutre (Otterhound).

Dans cette classe figurent les chiens courants à long poil, dont le *chien de Vendée Griffon* et le *chien Breton* peuvent être considérés comme les types. Le *chien de Vendée Griffon* ne forme pas à proprement parler une race à part, c'est une simple variété du chien de Vendée. (LE COUTEULX.) Le fond de son pelage est blanc ou jaune clair marqué de taches fauves ou noires; sa taille est généralement très-grande. Fort recherché pour la chasse du loup et du sanglier, formant des chiens incomparables pour rapprocher une voie ou suivre une piste dans les ruisseaux et les étangs, d'une constitution plus solide que les chiens à poil ras, cette race a presque toujours fourni dans les équipages un chien dont on se souvient toujours. (LE COUTEULX.)

Les *Griffons fauves de Bretagne* sont signalés dans les plus anciennes chroniques armoricaines. Il sont aujourd'hui devenus fort rares; ce sont des chiens de grand cœur, entreprenants et de haut nez, gardant facilement le change. D'assez haute taille, leur constitution est forte et ils ne craignent ni les eaux ni le froid. Ils sont parfaits pour le loup et le sanglier. Leur pelage d'un rouge vif est caractéristique; quelque-uns sont marqués de blanc, de gris ou de noir, mais ils sont moins estimés. Suivant quelques auteurs, cette race était celle des meutes des seigneurs et ducs de Bretagne, de l'amiral d'Annebaut, du fameux Huet de Nantes, qui rivalisait avec Gaston Phœbus; enfin, du seigneur de Lamballe, qui vint du comté de Penthièvres prendre un cerf sous les murs de Paris. (LE COUTEULX.)

Une autre belle variété de chiens courants Griffons, également devenue rare, est le *chien de Bresse*, race sans aucun doute issue en ligne directe des chiens Ségusiens décrits par Arrien au IIIe siècle de notre ère : « C'étaient, dit-il en parlant des *Ségusii*, des chiens courants égaux aux chiens de Carie et de Crète pour la finesse de l'odorat, mais plus lents et d'une mine triste et sauvage. » En chasse ils criaient beaucoup, tant sur le gîte que sur les voies, mais d'un ton si lamentable que les Gaulois les comparaient à des mendiants implorant la charité publique. (De Noirmont.)

Les *chiens à loutre* de la Grande Bretagne tiennent beaucoup de ces races et surtout du vendéen Griffon ; ils sont plus bas sur pattes, ont la tête longue et bien coiffée, mais couverte d'un poil ras, tandis que le reste du corps est abondamment garni d'un pelage doux et dur de couleur jaune ou rougeâtre avec des taches noires ou grises. (Richardson.) Autrefois on les employait beaucoup dans le pays de Galles pour la chasse du lièvre ; ils ne sont plus employés maintenant que pour la chasse de la loutre, genre de sport pour lequel ils ont une aptitude particulière. Ils vont à l'eau et nagent avec une très-grande facilité, sont très-mordants et méchants, et souvent il est impossible d'en réunir un grand nombre dans le même chenil. (Wood.)

16e CLASSE.

BRIQUETS.

Briquet de la haute Marne.
— du Morvan.
— de Gascogne.

Briquet normand.
— des Vosges.
— de Corse.

M. de Maricourt, dans son Traité de la chasse du lièvre et du chevreuil, écrit en 1627, est le premier qui emploie le terme de Briquet à l'égard d'un chien courant. « Le propre des *briquets*, dit-il, est de courre le connil (lapin). » Ils ne peuvent s'assujettir à courre un lièvre pendant longtemps. (De Noirmont.) Les briquets descendent généralement des chiens d'ordre des localités où ils se trouvent par suite de croisements avec des chiens sans race et sans caractère typique ; ils se rapprochent donc toujours des souches d'où ils descendent et plus ils leur ressemblent plus ils sont estimés. Ce sont de petits chiens durs, cognants, indisciplinés, ralliant mal, que l'on a essayé en vain de mettre en meute et qui sont surtout employés pour la chasse du fusil. Du reste, ils ne sont pas de longue haleine et mettent bas souvent après une vigoureuse poussée. Ceux de la Normandie, de la haute Marne, du Morvan, de Gasgogne, des Vosges, surtout ceux à poil rude, sont encore assez estimés. (De Noirmont).

17e CLASSE.

CHIENS COURANTS.

Kerry Beagle.	Staghound.
Southernhound.	Foxhound.

Les chiens courants anglais, tels qu'on les connait aujourd'hui, sont de création toute récente, comme on peut le voir par la description que donnent les anciens auteurs des chiens de leur époque. Markham, qui écrivait sur la chasse sous Jacques Ier, donne du Staghound, ou grand chien à cerf, une description qui semble être prise dans Du Fouilloux. (Hamilton Smith.) La race de chien courant anglais la plus ancienne est le *Southernhound* ou chien du sud de la Grande-Bretagne, race dont il reste encore quelques équipages. Il est fortement construit, un peu bas sur pattes, bien coiffée, possède une très-belle gorge et un nez exquis; mais il est un peu lent, et par conséquent s'est vu détrôné par des chiens plus raides. (Richardson.) Après le chien du Sud, vient le véritable *Staghound*, qui a aujourd'hui complétement disparu par suite de croisements d'où sont sortis les Foxhounds, et les chiens que l'on appelle aujourd'hui Staghounds, ne sont que de grands Foxhounds. (Hamilton Smith.) Le *Foxhound* est une race essentiellement artificielle, tenant un peu de toutes les races possibles, et il serait difficile de dire quel fut le premier père et la première mère des chiens à renard d'aujourd'hui. (Ashton Smith.) Train de derrière ramassé, poitrine large, jambes droites, pieds arrondis comme la patte de chat, queue épaisse bien garnie et bien portée, tels sont les principaux caractères du

Foxhound. (ASHTON SMITH.) Ils ont en outre l'oreille petite, placée très-haut et plate, et on a, dans les équipages anglais, l'habitude de l'arrondir. Du reste, on trouve, dans chaque chenil en Angleterre, un type de Foxhound différent, et les mêmes maîtres d'équipage ont souvent changé plusieurs fois leur race pendant le cours de leur carrière. (ASHTON SMITH.) Le Foxhound est docile de caractère et facile à mettre en meute, d'une rapidité souvent extrême, ce qui le rend chiche de voix. Il est inestimable pour sa belle construction et la vigueur de sa constitution, et il retraite gaiement après les chasses les plus fatiguantes. Peut-être le plus vieux sang de Foxhound d'Angleterre se trouve aujourd'hui dans le chenil du comte de Lonsdale, à Cottesmore. A l'exception des meutes de lord Yarborough, de M. Warde, du comte Fitzwilliam, du duc de Beaufort, etc., et de quelques autres, les meutes des chiens courants anglais ont changé si souvent de maîtres depuis cinquante ans qu'il est presque impossible de certifier leur origine. Cependant les meutes les plus estimées aujourd'hui sont celles des ducs de Rutland, de Beaufort, de lord Fitzwilliam, du marquis de Cleveland, de MM. Ralph Lambton et Osbaldesdone. (APPERLEY.)

Une autre grande race de chiens courants anglais qu'il faut rapprocher du Southernhound, qui en descend, dit-on, est le *Kerry* Beagle d'Irlande, grand chien très-analogue de formes au BLOODHOUND et qui mesure jusqu'à 26 pouces de taille. MM. John O'Connell de Killarney et A. Herbert de Mucross, membre du Parlement, ont été les possesseurs des deux dernières meutes connues de cette ancienne race.

18e CLASSE.

CHIENS COURANTS.

Harrier.	Beagles (grands et petits).

Le *Harrier*, ou chien de lièvre anglais, était d'origine plus ancienne que le Foxhound ; il avait de grandes oreilles bien portées, les babines pendantes, le nez sûr et la voix harmonieuse ; c'était, en un mot, un chien d'ordre en miniature ; mais c'est à peine si on retrouve ce type dans quelques équipages, et les Harriers de nos jours ne sont à proprement parler que de petits Foxhounds un peu mieux gorgés que ne le sont habituellement les chiens de cette race. Ils sont aussi mieux coiffés et ont le nez plus fin; mais, chaque jour, l'ancien type se perd. (Wood.)

Tous les chiens courants de petites stature employés à courre le lièvre étaient autrefois compris, en Angleterre, sous le nom de *Beagles*. Bloome, auteur anglais qui écrivait en 1650, en décrit trois variétés : 1° les *Beagles du Sud*, semblables aux grands chiens du Sud, mais plus petits et plus rablés; 2° Les *Beagles du Nord*, appelés aussi *Cat Beagles*, plus vite et de moyenne taille; enfin, 3° les *petits Beagles* ou *Beagles à lapin* qui atteignaient rarement 0,35 c. de hauteur. (De Noirmont.) Ce sont de petits chiens bien faits, à oreilles larges et plates, coiffés en avant, dont la robe est blanche piquetée de points gris on noirs, et marqués de taches fauves, noires ou orange. Leur voix est assez harmonieuse; ils sont remarquables par leur activité. La reine Élisabeth en possédait de si petits que l'on pouvait en mettre un dans un de ces grands gants que les hommes portaient alors; (Richardson.) et l'on a souvent pu porter une meute entière au rendez-vous dans une paire de paniers sur un cheval de bât. (De Noirmont.) Les Beagles ont en général le poil ras, mais il y en a de griffons, comme dans nos races de Briquets de pays. Du reste, on peut dire que les Beagles sont les Briquets de l'Angleterre.

19e CLASSE.

CHIENS COURANTS DIVERS.

(Races pures.)

Limier allemand.
Chien courant suisse.
— russe.
Chien courant polonais.
— italien.
Etc.

On trouve dans divers pays des races locales de chien courant, mais qui n'ont pas le grand caractère des races longtemps élevées avec soin de la France et de l'Angleterre. En Allemagne, il y a des types très-voisins du chien de Saint-Hubert; en Russie, les chiens dits chiens *de Kostroma* dont on formaient autrefois de très-grandes meutes, ressemblent aux Foxhounds; leurs oreilles sont demi-tombantes et petites, leur museau un peu pointu. A la fin du siècle dernier, on faisait grand cas dans l'Est de la France d'une race de chiens courants de petite taille à poil ras, blancs et orangés, que l'on nommait des *chiens Suisses*. Ils ont la tête fine, les oreilles moyennement longues et bien tournées; ils criaient bien et savaient parfaitement se servir eux-mêmes. Le marquis de Foudras a rendu célèbre un petit équipage de ces chiens suisses amené par le comte de Choiseuil et surnommé les *chiens de porcelaine*.

20e CLASSE.

CHIENS COURANTS BATARDS.

La conséquence naturelle de l'introduction en France du sang anglais fut la création de variétés intermédiaires et son immixtion dans nos races a été si rapide que c'est à peine si l'on peut retrouver aujourd'hui les races pures. Les bâtards anglo-français composaient, dès la fin du règne de Louis XIV, une partie notable des meutes du roi. Gaffet de la Briffardière, qui constate le fait, dit que les bâtards sont mieux construits, qu'ils ont la menée beaucoup plus belle et qu'ils chassent mieux que les anglais de pur sang. (De Noirmont.) La grande majorité de nos meutes se compose aujourd'hui de chiens anglo-français dont il s'est formé dans nos provinces plusieurs sous-races fort estimables : anglo-vendéens, anglo-poitevins, anglo-saintongeois, anglo-normands réunissant une bonne partie des qualités distinctives de leurs aïeux français à celles de leurs ascendants d'Outre-Manche. (De Noirmont.) Ces meutes ont l'inconvénient de ne pouvoir se recruter en elles-mêmes, les bâtards perdant rapidement leurs qualités dès les premières générations, et on ne peut les conserver telles qu'à condition de revenir toujours à des étalons de pur sang, soit anglais, soit français.

1re SOUS-CLASSE.

Chiens courants bâtards de grandes races.

(Au-dessus de 0 m. 55 de taille.)

2e SOUS-CLASSE.

Chiens courants bâtards de petites races.

21e CLASSE.

CHIENS COURANTS BASSETS DE TOUTES ORIGINES.

Les chiens bassets sont d'une origine fort ancienne. Ils étaient déjà fort estimés à Rome, et ce sont sans doute les *Agasses* décrits par Arrien. (Le Couteulx.) Connus au temps des rois mérovingiens sous le nom de Bibarhunt ou chiens à castors, on les employait alors pour terrer; plus tard ils prennent le nom de chiens de terre et enfin de bassets. (Noirmont.) Il y en a deux grandes variétés : les *bassets à jambes droites* et les *bassets à jambes torses*, et dans chacune de ces sections, on en trouve de toutes les tailles et de tous les pelages. C'est un chien très-connu en France et en Allemagne, mais dont il n'y a pas de représentant en Angleterre si l'on en excepte le *Turnpit* ou Tournebroche, espèce de terrier à petites oreilles, à corps long, et à pattes torses, dont la race est aujourd'hui perdue. (Hamilton Smith.) L'Artois et la Flandre, le grand duché de Bade sont les pays les plus renommés pour leurs bassets. Les bassets d'Allemagne sont généralement mieux coiffés que les nôtres, et leurs longues oreilles traînent jusqu'à terre. Les bassets sont des chiens parfaits pour la chasse au fusil ; ils chassent bien en meute et leur voix forte s'entend de loin. Ils sont nécessairement lents mais durs à la fatigue et donnent parfaitement sur toute espèce de gibier, mais surtout sur le lièvre, le chevreuil et le renard. (De Noirmont.)

1re SOUS-CLASSE.

Grands bassets.

2e SOUS-CLASSE.

Petits bassets.

CHIENS DE LA DEUXIÈME CATÉGORIE.

N° 394. — *Welcome*, à M. le baron G. de Pussin-Amory.
395. — *Watch*, à M. le baron G. de Pussin-Amory.

N° 396. — *Druid*, à M. le baron de G. Pussin-Amory.
397. — *Ranglan*, à M. Piston d'Eau-Bonne.
398. — *Countess*, à M. Léonce Claverie.
399. — *Sanguinaux*, à M. Léonce Claverie.
400. — *Druid*, à M. John A. Cowen.
401. — *Raglan*, à M. Piston d'Eau-Bonne.
402. —
403. — *Champion*, à Sir Robert Clifton.
405. — *Vengeance*, à M. Charles Bamford.
405. — *Ronflot*, à M. le baron James de Rothschild.
406. — *Crémone*, à M. Laroche.
407. —
408. — *Pallas*, à M. le Vte de Gassart.
409. —
410. — *Romance*, à M. Candellier.
411. — *Colonel*, à M. L.-G.-A. Levillain.
412. — *Bravo*, à M. Ch. Bezanson.
413. —
414. — *Mène-à-Mort*, à M. Léonce Claverie.
415. — *Baude*, à M. Léonce Claverie.
416. — *Carnageau*, à M. Léonce Claverie.
417. — *Merveilleau*, à M. Armand Baudry d'Asson.
418. — à M. A. Baudry d'Asson.
419. — *Turbulent*, à M. Crognez.
420. — *Ronflon*, à M. Crognez.
421. — *Ravissante*, à M. Crognez.
422. — *Concurrent*, à M. Crognez.
423. — *Vigilante*, à M. Georges de Lachapelle.
424. — *Publico*, à M. le comte Le Couteulx de Canteleu.

N° 425. — *Métamor*, à M. le comte Le Couteulx.
426. — *Margano*, à M. le comte Le Couteulx.
427. — *Chamborant*, à M. le comte Le Couteulx.
428. — *Cajolant*, à M. le comte Le Couteulx.
429. — *Renfort*, à M. le comte Le Couteulx de Canteleu.
430. — *Sonnefort*, à M. de Champigny.
431. — *Royale*, à M. de Champigny.
432. — *Flamberge*, à M. L.-G. Corbin.
433. — *Tonnerre*, à M. L.-G. Corbin.
434. — *Bélisaire*, à M. le vicomte Henri d'Onsenbray.
435. — *Banker*, à M. A. Auguis.
436. — *Rambuteau*, à M. le comte de Lentilhac.
437. — *Chicamor*, à M. le comte de Lentillac.
438. — *Chambertin*, à M. le comte de Lentilhac.
439. — , à M. de Laferrière.
440. — , à M. le comte d'Osmond.
441. — , à M. le comte d'Osmond.
442. — , à M. A. Baudry d'Asson.
443. — *Termineau*, à M. Armand de Bejarry.
444. —
445. — *Mousquetaire*, à M. le comte de Pully.
446. — *Lucrèce*, à M. le comte de Pully.
447. — *Louvaude*, à M. le comte de Pully.
448. —
449. —
450. — *Camarade II*, à M. Aristide Couteaux.
451. — *Jean-Bart II*, à M. Aristide Couteaux.

N° 452. — *Sonnante*, à M. Aristide Couteaux.
453. — *Gerfaut*, à M. le vicomte de Gassart.
454. — *Juliette*, à M. Anguis.
455. — , à M. Kirgener de Planta.
456. —
460. — *Countess*, à M. William Wright.
461. — *Tambeau*, à M. Victor Servois.
462. — , à M. le comte d'Osmond.
463. —
464. — *Quéquette*, à M. Gandin.
465. — *Tambelle*, à M. Victor Servois.
466. — *Ravaude*, à M. Gandin.
467. — *Rigolo*, à M. Brébant.
468. — *Ravaude*, à M. Brébant.
469. —
470. —
471. —
474. — *Vitesse*, à M. Eugène Sagot.
475. — *Matador*, à M. Eugène Sagot.
476. — *Formido*, à M. Eugène Sagot.
477. — *Flambeau*, à M. Eugène Sagot.
478. — *Rouflot*, à M. J. Schneider.
479. — *Tambo*, à M. Dumas.
480. — *Cavillot*, à M. Dumas.
481. — *Luss*, *à* M. Dumas.
482. — *Finette*, à M. Albin Hème père.
483. — *Blandineau*, à M. Albin Hème père.
484. — *Griffonne*, à M. J. Schneider.

N° 485. — *Padinot*, à M. J. Schneider.
486. — *Pyrame*, à M. J. Schneider.
487. — *Réveille*, à M. J. Schneider.
637. —
488. —
489. — *Ramoneau*, à M. Vte James de Perrochel.
490. — *Figaro*, à M. le Vte James de Perrochel.
491. — *Farineau*, à M. le Vte James de Perrochel.
492. — *Ravaude*, à M. le Vte James de Perrochel.
493. — *Barbette*, à M. Albin Hème père.
495. — *Fanfare*, à M. Luche.
496. —
497. — *Bellot*, à M. Albin Hème père.
498. — *Ravaude*, à M. Guérin-Legeoy.
499. — *Fann*, à M. J. Schneider.
500. —
501. —
753. —
754. —
504. — *Baliveau*, à M. Blandin.
505. — *Rigolette*, à M. Blandin.
506. — *Tempête*, à M. L.-G.-A.Levillain.
507. — *Raffinaux*, à M. L.-G.-A. Levillain.
508. — *Tambelle*, à M. Palanque.
509. — *Charbonneau*, à M. le comte Le Couteulx de Canteleu.
510. — *Fo'ette*, à M. le comte Le Couteulx de Canteleu.
511. — *Waldmann*, à M. Kleinfelder.
512. — *Attila*, à M. Kleinfelder.

N° 513. —

514. — *Tocade*, à M. le baron Latapie de Ligonie.

515. — *Toc*, à M. le baron Latapie de Ligonie.

516. — *Monette*, à M. Andousset.

517. — *Ravissante*, à M. Andousset.

518. — *Monot*, à M. Andousset.

519. — *Ramoneau*, à M. Pierre Manon.

520. — *Plick*, à M. Pierre Manon.

521. — *Ramonette*, à M. Pierre Manon.

522. — à M. Ploque.

523. —

524. — *Roulette*, à M. le baron D. de Noirmont.

525. — *Gretel*, à M. Kleinfelder.

526. — *Coquette*, à M. Robert d'Houdemare.

527. — *Rigolo*, à M. Naze.

528. — *Finot*, à M. Gounot.

529. — , à M. Gounot.

530. — *Ronflo*, M. M. de Nieulle.

531. — *Nigra*, à M. M. de Nieulle.

532. — *Ravaude*, à M. Rameau.

533. —

534. — *Finaud*, à M. Thévenet.

535. — *Toto*, à M. Thévenet.

536. — *Tolla*, à M. Thévenet.

536. — *Ravigotte*, à M. Ernest Dejardin.

537. — *Ronflot*, à M. Remy.

539. — *Michel*, à M. Kleinfelder.

540. — *Hertha*, à M. Kleinfelder.

541. — *Ramoneau*, à M. Chatelain.

542. — *Rapine*, à M. Flour.

N° 543. — *Calino*, à M. Flour.
544. — *Mirout*, à M. Duguet.
545. — *Ravaude*, à M. Naze.
546. — *Johanna*, à M. Kleinfelder.
547. — *Fouine*, à M. Duguet.
548. — *Tolla*, à M. Thévenet.
549. — *Stopa*, à M. Thévenet.
550. — *Love*, à M. Marc-Antoine.
551. — *Bamboche*, à M. Couteaux.
552. — *Tambour*, à M. Maxime Barbier.
553. — *Ravaud*, à M. René Jacquemard.
554. — *Trompette*, à M. Maxime Barbier.
555. — *Domino*, à M. Ch. Bocquet.
556. — *Lisette*, à M. le comte de Pourtalès.
557. — *Finette*, à M. le comte de Pourtalès.
558. — *Ravaude*, à M. le comte de Lentilhac.
559. — , à M. Gaudin.
560. — *Mirabelle*, à M. Gaudin.
561. —
562. — *Diligente*, à M. Aymar Jadas.
563. —
564. — *Ramoneau*, à M. Buttin.
565. — *Miraud*, à M. Buttin.
566. — *Ravaude*, à M. Buttin.
567. — *Ravaude*, à M. Hippolyte Dias.
668. — *Griffonnot*, à M. Lhérant.
569. — *Tambour*, à M. de La Martinière.
570. — *Fanfare*, à M. de La Martinière.
571. — *Ravageot*, à M. François Daudin.
572. — *Négro*, à M. Paul Houzeau.

573. — *Vomito*, à M. Paul Houzeau.
574. — *Ravaude*, à M. François Daudin.
575. — *Ramoneau*, à M. G. Moreau-Chaslon.
576. — *Ravaude*, à M. G. Moreau-Chaslon.
577. — *Ravaude*, M. Émile Capron.
578. — *Bellote*, à M. Émile Capron.
579. — *Bougonne*, à M. Émile Capron.
580. — *Badino*, à M. d'Incourt de Metz.
581. — *Réveillo*, à M. d'Incourt de Metz.
582. — *Rafano*, à M. d'Incourt de Metz.
583. — *Ranfort*, à M. d'Incourt de Metz.
584. — *Ronflo*, M. d'Incourt de Metz.
585. — *Musette*, à M. d'Incourt de Metz.
586. — *Tambelle*, à M. d'Incourt de Metz.
587. — *Trompette*, à M. d'Incourt de Metz.
588. — *Mascaro*, à M. d'Incourt de Metz.
588 *bis*. — *Pataud*, à M. d'Incourt de Metz.

La liste des Meutes se trouve à la page 71.

TROISIÈME CATÉGORIE.

CHIENS DE CHASSE D'ARRÊT.

CHIENS D'ARRÊT A POIL RAS OU BRAQUES.

Longtemps avant l'invention des armes à feu, on se servait de chiens d'arrêt pour trouver et faire partir le gibier qu'on voulait chasser au faucon comme cela se fait encore de nos jours en Angleterre. On les appelait chiens d'Oysels. Comme on les employa plus tard pour chasser à l'arquebuse et aussi aux filets et qu'il fallait, dans l'un et l'autre cas, que le gibier restât posé ; les chiens devaient arrêter très-ferme, ce qu'ils faisaient presque toujours en se couchant sur le ventre. De là le terme de *chien couchant*. (De Noirmont.) Depuis lors, avec le perfectionnement des armes à feu, le chien n'eut plus besoin d'arrêter couché, et le terme disparut.

Les *Braques* ou chiens d'arrêt à poil ras sont issus suivant toute apparence d'une race de Briquets ou Brachets dressés à arrêter et ne sont guère mentionnés comme chiens couchants avant le XVIe siècle. En Angleterre par divers croisements on créa une race spéciale de Braques plus spécialement désignés sous le nom de *Pointer* (quoique ce terme se fût aussi appliqué, dans l'origine, comme le mot *chien couchant* aux espèces à long poil). Ces chiens étaient très-élégants, hauts sur jambes, levrettés et un peu grêles, mais c'est par leur quête surtout qu'ils différaient des Braques du continent, galoppant à toute vitesse devant le chasseur et arrêtant le nez haut. Depuis que ces Pointers que l'on pouvait aux formes distinguer alors des Braques, ont été introduits chez nous, il s'est produit de tels croisements que les types se sont complétement mélangés et les Pointers ou Braques anglais ne diffèrent plus aujourd'hui des Braques français et autres que par leur quête. Cependant on peut avoir une idée de ce qu'étaient ces Pointers par les *chiens* dits *de Saint-Germain et de Compiègne* qui descendent de Braques anglais importés vers 1820 par M. de

Girardin, premier veneur. Chose curieuse, tandis que les Pointers de ce type absorbaient nos races indigènes, les Anglais revenaient aux chiens marron aux formes carrées et trapues, à la large poitrine, à la tête carrée qui sont les caractères typiques du Braque. Outre ces types de Braques, plusieurs races *de pays* et plusieurs espèces étrangères ont été conservées et forment aujourd'hui des espèces distinctes. Les principales sont : les *Braques Dupuy*, grands chiens blancs et marrons à formes plus légères et élancés que celles du Braque français, créés dans le Poitou, il y a une soixantaine d'années par M. Dupuy; le *Braque picard,* plus communément à robe brune ou lie de vin ; le *Braque sans queue du Bourbonnais,* chien trapu dont la queue fort écourtée vient sans doute d'une transmission héréditaire; le *Braque d'Anjou*, blanc et orange ou gris de souris ; le *Braque de Navarre*, blanc avec des tâches lie de vin et les yeux porcelaines. En Italie, on trouve de grands *Braques bleus* du même poil que les chiens courants de Gascogne; il y en a aussi en Espagne où ils sont marqués de feu. Ils sont devenus très-rares. Les Braques de l'Allemagne ont les formes lourdes et épaisses et manquent en général de noblesse et de distinction.

22e CLASSE.

BRAQUES A TACHES MARRON OU FONCÉES.

(De grande taille.)

23e CLASSE.

BRAQUES A TACHES MARRON OU FONCÉES.

(De petite taille ou légers.)

24e CLASSE.

BRAQUES ZAINS.

Braque noir.
— — marqué de feu.
— jaune.

Braque marron.
— — marqué de feu.
— gris de souris.

25e CLASSE.

BRAQUES dits de SAINT-GERMAIN.

26e CLASSE.

BRAQUES DE PAYS.

Braque Dupuy.
— picard.
— sans queue, du Bourbonnais.
Braque à double nez.
— d'Anjou.
Etc.

27e CLASSE.

BRAQUES ÉTRANGERS DIVERS.

Braque espagnol, jaune et blanc.
— des Baléares.
— allemand.
Braque d'Italie (Chien bleu).
— du Bengale.
Etc.

CHIENS DE LA TROISIÈME CATÉGORIE.

N° 594. — *Cybele*, à M. le comte de Nédonchelle.
595. — *Tudor*, à Mme Gallais.
596. — *Miss*, à M. Aureille Gazard.
597. — *Taque*, à M. Aureille Gazard.
598. — *Pataud*, à M. Descobert.
599. — *Prax*, à M. le comte de Nédonchelle.
600. — *Guilledou*, à M. Alex. Broquette.
601. — *Sybille*, à M. Descobert.
602. —
603. — *Diamant*, à Mme Boisset.
604. — *Perdreau*, à Mme Boisset.
605. —
606. —
607. —

N° 608. — *Pyrame*, à M. le Comte de Grammont.
609. —
610. —
611. — *Brion*, à M. Jules Marest.
612. — *Diane*, à M. Jules Marest.
613. — *Stop*, à M. Alfred Beauferey.
614. —
615. — *Isabelle*, à M. Kleinfelder.
616. — *Treff*, à M. Kleinfelder.
617. — *Médor*, à M. Grassot.
618. — *Hector*, à M. le vicomte A. de Boursier.
619. — *Faust*, à M. Schilling (Rodolphe).
620. — *Magot*, à M. Heroult.
621. — *Duke*, à M. Paul Caillard.
622. — *Thisbé*, à M. Henry Gaildraud.
623. — *Pyrame*, à M. Henry Gaildraud.
624. — *Medor*, à M. Cyr Luisette.
625. — à M. Robert Clifton.
626. — *Finette*, à M. Michel Ginetry.
627. — *Flora*, à M. Schilling.
628. — *Mydas*, à M. le baron Jean-Baptiste Harold Portalis.
629. — ......, à M. Victor Berthier.
630. — *Brack*, à M. Brouet.
631. —
632. — *Myra*, à M. Auguste Desmier.
633. — *Champion*, à M. Sir Robert Clifton.
634. — *Mouche*, à M. le Comte de Grammont.
635. — *Miss*, à M. Jean-Baptiste Favre.
636. — *Miss*, à M. Ferdinand Vatin.

N° 637. —

638. —

639. —

640. —

641. —

642. — *Brac*, à M. Charles-Fortuné Dupont.

643. — *Faust*, à M. Le Goarant de Tromelin.

644. — *Tom*, à M. Alexandre-Gustave Branthôme.

645. — *Pyrame*, à M. Frédéric Lang.

646. — *Miss*, à M. Hennessy.

647. — *Diane*, à M. Lefèvre.

648. — *Tom*, à M. Joseph Tassart.

649. — *Pyrame*, à M. Aimée Laurence.

650. — *Caïus*, à M. Aristide Couteaux.

651. — *Diane*, à M. A. Auguis.

652. — *Miss*, à M. François Lefeuvre.

653. — *Palestro*, à M. David.

654. — *Nadir*, à M. Charles de Lafond.

655. — *Diane*, à M. Frédéric Lang.

656. — *Tom*, à M. Dutailly.

657. — *Pyrame*, à M. Moïse Dumuys.

658. — *Jeanne*, à M. Téophile Lemaitre.

659. — *Léda*, à M. Téophile Lemaitre,

660. —

661. —

662. —

663. —

664. —

665. —

666. —

N° 667. —
668. —
669. — *Diane*, à M: le vicomte Paul d'Onsenbray.
670. — *Lide*, à M. Magloire Aufray.
671. — *Diane*, à M. Honoré Tricotel.
672. — *Mirza*, à M. Louis Bertaux.
673. — *Diane*, à M. Charles Dumesnil.
674. — *Médor*, à M. Ch. Bocquet.
675. — *Perdreau*, à M. Alfred Maçy.
676. — *Léda*, à M. Buhot.
677. — *Mia*, à M. H. Drake.
678. — *Nicette*, à M. Michelot.
679. — *Dora*, à M. Aufray.
680. —
681. —
682, — *Piston*, à M. le xicomte James de Perrochel.
683. — *Diane*, à M. Vincent.
684. — *Stop*, à M. Pillet.
685. — *Feydeau*, à M. Lesaulnier.
686. — *Sultan*, à M. Desvarennes.
687. — *Athos*, à M. Maillet du Boullay.
688. — *Ponto*, à M. Jean-Achille Mammaux.
689. — *Diane*, à M. Léopold Charles.
690. — *Tom*, à M. Pozez.
691. — *Pass*, à M. le vicomte d'Orglandes.
692. — *Diane*, à M. Prugnet.
693. —
694. —
695. — *Castor*, à M. Gavory.
696. — *Pollux*, à M. Gavory.

N° 697. — *Black*, à M. Salmon.

698.

699. — *Mexico*, à M. Peigné.

700. — *Diane*, à M. Pillet.

701. — *Lion*, à M. Pierre-Antoine Roux.

702. — *Maza*, à M. Lehot.

703. — *Stop*, à M. Alfred Mary.

704. — *Tom*, à M. Poucet.

705. — *Tom*, à M. Victor Solenge.

706. — *Gerfault*, à M. de Canecaude.

707, — à M. Gavory.

708.

709. — *Plock*, à M. Teissier.

710. — *Rob-Roy*, à M. G. de Lachapelle.

711. — *Mirza*, à M. Conseil, sénateur.

712. — *Price*, à M. Conseil, sénateur.

713. — *Soumise*, à M. le marquis de Castelnau d'Essenault.

714. — *Phane*, à M. Edmond Laporte.

715. — *Trim*, à M. Élie Richard.

716. — *Thalie*, à M. F. de Lagarrigues.

717. — *Perdreau*, à M. Fiat.

718. — *Miss*, à M. Alfred Mary.

719. — *Dick*, à M. George Green.

720. — *Imma*, à M. Alexandre Pourlier.

721. — *Junon*, à M. Schilling, Rodolphe.

722. — *Monsieur*, à M. F. Borderieux.

723. — *Nice*, à M. Veissière.

724. — *Nell*, à M. Villiam Osmar.

725. — *Dora*, à M. A. Scard.

N° 726. — *Scott*, à M. de Villiers.
727. — *Ketty*, à M. Alfred Guérin.
728. — *Down*, à M. Alfred Guérin.
729. — *Mouche*, à M. le baron de Nicolay.
730. — *Diane*, à M. Jules Boulaÿ.
731. — *Rita*, à M. Dumont.
732. — *Lisbonne*, à M. Chevalier.
733. —
734. — *Flora*, à M. de Villiers.
735. — *Perdreau*, à M. Maitreau.
736. — *Réveillot*, à M. J. Schneider.
737. — *Doün*, à M. Paul Caillard.
738. — *Doll*, à M. Paul Caillard.
739. — *Fly*, à M. le vicomte Arthur de Léautaud.
740. — *Diane*, à M. Ch. Bocquet.
741. — *Vana*, à M. Léon Simon.
742. — *Floque*, à M. le comte Ad[e] de Rougé.
743. — *Topaze*, à M. le comte Ad[e] de Rougé.
744. — *Ourika*, à M. le marquis de Nicolaÿ.
745. — *Eva*, à M. Dufoix.
746. — *Blac*, à M. Lebas-Poulin.
747. — *Miss*, à M. de Lyrac.
748. — *Fox*, à M. Auguste Thomas.
749. — *Pluton*, à M. le comte Le Couteulx.
750. — *Black*, à M. Landais.
751. — *Stopp*, à M. Vilaret.
752. — à M. Étienne Bourgeon.
753. — *Diane*, à M. Louis Lassuce.
754. — *Mouche*, à M. le vicomte Henri d'Onsenbray.
755. — *Perdrix*, à M. Alexandre Broquette.

N° 756. — *Simplice*, à M. Alexandre Broquette.
759. — *Miss*, à M. Alexandre Broquette.
760. — *Tack*, à M. Landais.
761. — *Coquette*, à Madame Gallais.
762. — *Black*, à M. Bertault.
763. — *Mylord*, à M. Édouard Renard.
764. — *Sapho*, à M. E. Boyer.
765. — *Diane*, à M. Ludovic d'Arlincourt.
766. —
767. — *Diane*, à M. Louis Picard.
768. — *Presto*, à M. E. Boyer.
769. — *Roquelaure*, à M. Delacambre.
770. — *Figaro*, à M. Boucher.
771. — *Kett*, à M. Soucaret.
772. — *Bess*, à M. Dora.
773. — *Bounc*, à M. Richard Garth.
774. — *Mylord*, à M. Lebas-Poulin..
775. —
776. — *Bellotte*, à M. Azimon.
777. — *Tom*, à M. Ravry fils.
778. — *Clyde*, à M. N. Dora.
779. — *Diane*, à M. Charles-Fortuné Dupont.
780. — *Soliman*, à M. H.-P. Boutarel.
781. — *Castor*, à M. Picard.
782. — *Mars*, à M. Richard Garth.
783. — *Zamor*, à M. le vicomte de Parron.
784. —

CHIENS D'ARRÊT A POIL LONG ET A POIL DUR.

Les chiens couchants les plus anciennement connus sont les Épagneuls dont le nom, tel qu'il s'écrivait au quatorzième siècle, semble indiquer l'origine espagnole. (La Vallée.) C'est à ces races que le terme *chien couchant* resta le plus longtemps appliqué, quoiqu'il ne soit plus usité de nos jours; et en Angleterre, le nom de *setter* leur est également resté. On a élevé ces chiens, en Angleterre, avec un soin remarquable; et, c'est parmi les Épagneuls anglais que l'on trouve le plus de belles variétés. Les types français sont l'*Epagneul de Pont-Audemer* et l'*Epagneul à double nez*, aujourd'hui rare. L'*Epagneul de Pont-Audemer* a les formes grosses et trapues il est un peu bas sur pattes, il a la tête large et longue. Son poil n'est pas très-long, si ce n'est à la queue et aux oreilles; il est marron et blanc ticqueté. Les *Epagneuls anglais* (*setters*) ont les formes plus fines et plus élégantes que les Épagneuls du continent, leur poil est aussi plus fin et plus soyeux; on en trouve de différents pelages, mais l'espèce noir et feu qui a pris le nom de Lord Gordon, celui qui contribua le plus à fixer cette belle variété, est l'une des plus estimées. En Écosse, il y a une race à pelage rouge brique très-remarquable, et telle est aussi la robe des *Setters irlandais*. Enfin, il y a des Épagneuls à poil frisé formant de petites boucles très-serrées excepté sur le museau où le poil est ras, que l'on nomme *Epagneuls d'eau*, et qui font d'excellents chiens de marais. Les *Retrievers* doivent être rapprochés des Épagneuls quoiqu'ils ne soient pas tous à long poil, mais le croisement de l'Épagneul d'eau et du petit Terreneuve noir a le plus contribué à les former. Cette race, essentiellement anglaise, est employée à suivre la piste du gibier blessé et à rapporter les pièces, les chiens d'arrêt n'étant jamais utilisés par les Anglais que pour la quête.

Une classe importante d'Épagneuls peu connus sur le continent est celle des *Petits Epagneuls de chasse* anglais que l'on emploi pour le faisan et la bécasse. Ils quêtent en donnant de la voix à peu de distance du chasseur et en déployant, au milieu des fourrés les plus épais, une activité admirable. Il y en a deux races, les *Springers* et les *Cockers*. Les premiers sont des chiens forts et capables d'un travail difficile et fatiguant dans les bruyères et les épines, les autres sont plus légers et moins rustiques. On compte trois races remarquables de Springer : ceux de *Sussex* qui sont noirs; ceux *du Norfolk*, blancs et marron, et enfin, les *Clumbers* ou *Epagneuls bassets* blancs et orange qui chassent sans donner de voix. Les races de Cocker les plus estimées sont celles du *pays de Galles*, noir et marron, et du *Devonshire* blanc ou marron ou blanc et orange.

Il y a des chiens d'arrêt à pelage dur ou soyeux; ce sont les *Griffons*. Quelques-uns sont munis d'une épaisse toison. Ce sont des chiens excellents mais difficiles à dresser et souvent d'un mauvais caractère. Les *Griffons à poil dur* de couleur lie de vin ont conquis une juste célébrité. Le *Bouffe* a le pelage plus laineux et long formant sur les épaules un épis caractéristique. Les *Griffons à poil soyeux* sont des espèces analogues, et parmi les différentes variétés, les *Griffons des dunes de Boulogne* sont justement renommés. Les Griffons sont assez communs en Italie. Le double nez est une difformité assez commune chez ces chiens, mais il ne doit pas être considéré comme caractère de race, car il se trouve chez toutes les variétés. Les *Barbets* ont le pelage complétement laineux et sont, en général, de très-grande taille. Selincourt en parle avec éloge, on les employait jadis pour la chasse au marais pour laquelle ils ont certainement des aptitudes, mais de nos jours ils ne servent plus que comme chiens de garde. Il en est de même du *Caniche*, espèce de barbet plus petite à poil beaucoup plus long, abondant et frisé en longs tirebouchons généralement de couleur blanche. Au Danemark, dont on les dit originaires, il y en a de noirs très-estimés; d'autres auteurs et Selincourt prétendent que le Caniche est au contraire d'origine piémontaise. Ils étaient encore au XVIe siècle très-fréquemment employé à la chasse des oiseaux aquatiques d'où vient leur nom de chien Cane ou Caniche, mais ils ont cessé d'être ainsi utilisés et l'on a cultivé de préférence leurs talents d'agrément.

28e CLASSE.

ÉPAGNEULS FRANÇAIS.

Épagneul de Pont-Audemer.
Épagneul à double nez.

29e CLASSE.

ÉPAGNEULS ANGLAIS (Setters).

Épagneul anglais (Setter).
Épagneul écossais

30e CLASSE.

ÉPAGNEULS NOIR et FEU (Gordon).

31e CLASSE.

ÉPAGNEULS IRLANDAIS.

32e CLASSE.

ÉPAGNEULS ANGLAIS.

(Petites races de chasse. — Field spaniels.)

Épagneul basset (Clumber.)
— du Norfolk.
Épagneul du Sussex (Springer).
Cocker du Devonshire.
Cocker du pays de Galles.

33e CLASSE.

ÉPAGNEULS D'EAU.

34e CLASSE.

RETRIEVERS.

35e CLASSE.

GRIFFONS D'ARRÊT et BARBETS.

Griffon à poil dur.
— à poil soyeux.
Barbet de grande race.
Grand Barbet russe.

36e CLASSE.

CANICHES.

SUITE DES CHIENS DE LA TROISIÈME CATÉGORIE.

N° 787. — à M. Coptain Garstain.
788. — *Ramasse*, à M. Le Pante.
789. — *Pyrame*, à M. Valentin aîné.
790. — *Tampon*, à M. P. Pichot.
791. — *Diamant*, à M. Maille.
792. — *Figaro*, à M. Boyenval.
793. — *Médor*, à M. Alphonse Huet.
794. — *Masque-à-Poil*, à M. Manchon Chevalier.
795. —
796. — *Mylord*, à M. Pierre-Eugène Jeanne.
797. —
798. — *Wolf*, à M. Constant Falaiseau.
799. — *Kalidd*, à M. Victor Boullard.
800. — *Médor*, à M. L.-L.-J. Huard Du Boisrenault.
801. — *Rack*, à M. George Green.
802. — *Major*, à M. Richard Garth.
803. — *Cailleteau*, à M. Élie Richard.
804. — *Lion*, à M. Jules Schneider.
805. —
806. —

N° 807. — *Minos*, à M. Jules Schneider.
808. —
809. — *Black*, à M. Collard.
810. — *Cum*, à M. E. Andrieux.
811. — à M. Moisson.
812. — *Tirrasse*, à M. Du Boz-Rigaud.
813. — *Dach*, à M. Manchon-Chevalier,
814. — *Sylvio*, à Mme de Coulibœuf.
815. —
816. — *Follette*, à M. Gabriel d'Ossude.
817. —
818. — *Dick*, à M. Lafleur.
819. — *Dick*, à M. le vicomte Coumont.
820. — *Shot*, à M. H. Drake.
821. — *Rabou*, à M. E. Dejardin.
823. — *Diane*, à M. Labreveux.
824. — à M. M. Chevalier.
825. — *Rosette*, à M. Lelorieux.
826. — *Flora*, à M. W.-J. Bayly.
827. — *Shot*, à M. Richard Garth.
829. — *Léda*, à M. Ch. Gavard.
830. — *Major*, à M. Ch. Gavard.
831. — *Tom*, à M. E. Guilbert.
832. — *Nelson*, à M. Green.
834. — *Wellington*, à M. Green.
836. — *Bell*, à M. George Green.
837. —
841. — *Pyrame*, à M. Labreveux.
845. — *Marquis*, à M. P. Caillard.
847. — *Grouse*, à M. P. Caillard.

N° 849. — *Moll*, à M. John-Alexander Handy.
851. — *Garçon*, à M. le comte de Besenval.
853. — *Minos*, à M. Louis Chabrier.
855. — *Diane*, à M. George Fréret.
857. — *Kanger*, à M. Ch.-Th. Harris.
859. — *Kent*, à M. Thomas Pearce.
861. — *Dart*, à M. J.-J. Riley.
863. — *Belle*, à M. Manchon-Chevalier.
865. — *Dandy*, à M. John-Alexander Handy.
867. — *Tom*, à M. Louis-Charles Burot.
869. — *Flora*, à M. Soucaret.
870. — *Fop*, à M. William Osmar.
871. — *Black*, à M. Étienne Pichot.
872. — *Carlo*, à M. Guy.
873. — *Fox*, à M. Ballet.
874. —
875. — *Soing*, à M. Richard Garth.
876. — *Ranger*, à M. William Johnson.
877. — *Jessie*, à M. William Johnson.
878. — *Rover*, à M. William Johnson.
879. — *Pat*, à M. Richard Garth.
880. — *Ring*, à M. William Osmar.
882. — *Fergut*, à M. François Daudin.
883. — *Flora*, à M. François Daudin.
884. — *Royal*, à M. le vicomte d'Orglandes.
885. — *Prince*, à M. le vicomte d'Orglandes.
886. — *Busy*, à M. E. Nichols.
887. — *Dasle*, à M. Sir Robert Clifton.
888. — *Don*, à M. Sir Robert Clifton.
889. — *Lady*, à M. Sir Robert Clifton.

N° 891. — *Fan*, à M. Thomas Burrous Parkinson.
892. — *Diane*, à M. Fréret.
893. — *Phanor*, à M. George Fréret.
894. — *Rover*, à M. Fox Wright.
895. — *Mona*, à M. Sir Robert Clifton,
896. — *Busy*, à M. Sir Robert Clifton.
897. — *Drake*, à M. J.-D. Gorse.
898. — *Beau*, à M. Sir Robert Clifton.
900. — *Gip*, à M. William Osmar.
901. — *Bess*, à M. Edgar Roger.
903. — *Saison*, à M. sir Robert Clifton.
905. — *Bob*, à M. James Turner Riley.
907. —
909. — *Sem*, à M. J.-G. Ehrler.
911. — *Yet*, à M. J.-T. Riley.
913. — *Sailor*, à M. le duc de la Force.
915. — *Royal*, à M. James Turner Riley.
917. — *Emperor*, à M. J.-T. Riley.
919. — *Windham*, à M. J.-D. Gorse.
921. — *Mab*, à M. J.-D. Gorse.
923. — *Jet*, à M. J.-D. Gorse.
925. — *Bellotte*, à M. Robert Phillips.
927. — *Rap*, à M. J.-T. Riley.
929. — *Kebs*, à M. Reck.
930. — *Venus*, à M. J.-T. Riley.
932. —
933. — *Toto*, à M. Lecerf.
934. — , à M. J. Bignault.
935. — *Barbare*, à M. L. Simon.
936. —

N° 937. — *Pataud*, à M. Amédée Maës.
938. — *Phanor*, à M. A. le vicomte de Lapanouse.
939. —
940. — *Broussaille*, à M. Alfred Masson.
941. — *Marius*, à M. Roger de Brimont.
942. —
943. —
944. — *Diamant*, à M. Dion.
945. —
946. —
947. — *Mascara*, à M. Coupeux.
948. — *Moustache*, à M. Coupeux.
949. — *Ours*, à M. Alfred Hamerel.
950. — *Stella*, à M. Lognon.
951. — *Briska*, à M. le vicomte A. de Lapanouse.
952. — *Saïda*, à M. Lognon.
953. — *Sultane*, à M. G. Moreau-Chaslon.
954. — *Patronné*, à M. Morcrette.
955. — *Caroline*, à M. Morcrette.
956. — *Castor*, à M. le duc de Montébello.
957. —
958. — *Diane*, à M. George Moreau-Chaslon.
959. — *Diane*, à M. Mauger.
962. —
963. — *Finette*, à M. Caniot.
964. — *César*, à M. Caniot.
966. — *Lion*, à M. J. Schneider.
967. — *Cartouche*, à M. Crockford.
968. — *Fritz*, à M. Parmentelot.
969. — *Sultan*, à M. Jérôme.

N° 970. — *Mouton*, à M. Jérôme.
971. — *Gastein*, à M. Bergerand.
972. — *Mouton*, à M. Monery.
973. — *Mouton*, à Mme Ve Lespinasse.
974. — *Bibi*, à M. Gros.
975. — *Mouton*, à M. Adam.
976. — *Mouton*, à Mme D'Ingreville.
977, — *Miss*, à M. Chevalier.
978. — *Houlikhan*, à M. Jean Robert.
979. — *Lowe*, à Mme la duchesse de Doudeauville.
980. — *Toto*, à M. Renard.
981. — *Mouton*, à M. Bernardeau.
982. — *Géhel*, à M. le comte de La Ferronnays.
983. — *Diane*, à M. Borzeiki.
984. — *Tobie*, à M. Renaudin.
985. — *Mouton*, à M. le marquis de Miramon.
986. — *Marteau*, à M. Pierrot.
987. —
988. —
989. —
990. —
991. — *Knurr*, à M. le prince A. d'Aremberg.
992. —
993. —

QUATRIÈME CATÉGORIE.

LÉVRIERS.

Les Lévriers sont peut-être, après les chiens de berger, ceux dont l'antiquité est la plus grande. Leur origine est incontestablement asiatique et on en trouve des représentations sur les plus anciens monuments. (HAMILTON SMITH.) Il y en a de nombreuses espèces dans tous les pays du globe. Ce sont des chiens qui chassent à vue et qui, par leur vitesse, arrivent rapidement à rejoindre leur proie, aussi les qualités olfactives sont-elles presque nulles chez toutes ces races, si l'on en excepte quelques variétés chez lesquelles on a plus spécialement développé ce sens et qui le possèdent à un très-haut degré. Toutes les variétés de poil se rencontrent chez les Lévriers: tantôt il est long, ondé et soyeux comme dans les *Lévriers de Russie* et *de Sibérie*, tantôt il est bouclé et laineux comme chez certaines races du *Kurdistan*, tantôt il est ras sur le corps et long sur les oreilles et la queue seulement, comme chez les *Lévriers de la Roumélie*, tantôt dur comme chez le *Lévrier d'Ecosse*, tantôt complètement ras comme chez le *Lévrier Anglais*. Dans la Grande-Bretagne, on élève ces chiens avec autant de soin que les chevaux de course en vue d'augmenter leur vitesse et leur légèreté. Dans les épreuves auxquelles on les soumet (*couring*) et sur lesquelles s'engagent des paris considérables, ce n'est pas la prise du lièvre qui donne la victoire mais l'énergie et la vitesse employée pendant la course, aussi cherche-t-on à donner aux Lévriers beaucoup de feu et de franchise, et un chien qui court le lièvre avec ruse, coupant au plus court et profitant des fautes de l'autre chien, est réputé mauvais et est sûrement vaincu quoique par ces manœuvres il parvienne à tuer avant son compétiteur. (STONEHENGE.) Une race fort intéressante de Lévriers, est celle *des Baleares*, ce sont des chiens de moyenne taille, à pelage rouge ou fauve, à oreilles droites, d'une construction un peu épaisse et massive, qui ont beaucoup de nez et que l'on emploie surtout pour la chasse du lapin. Ce sont les seuls lévriers dont l'usage ait été toléré en France où l'on s'en sert dans le Midi. (Pichot.)

37e CLASSE.

LÉVRIERS A POIL RAS.

Greyhound.
Sloughi.
Lévrier de Grèce.
Lévrier tigré de l'Amérique du Sud.
Charnègue.
Lévrier des îles Baléares.

38e CLASSE.

LÉVRIERS A LONG POIL.

Lévrier persan.
— syrien.
— d'Écosse (Deerhound).
— russe.
Lévrier tartare.
— circassien.
— kurde.

CHIENS DE LA QUATRIÈME CATÉGORIE.

N° 994. — *Tibère*, à M. le vicomte Lepic.
995. — *Fanchette*, à M. Pelletier.
996. — *Chico*, à M. Genu Régiol.
997. — *Souf*, à M. Petitjean.
998. — *Spirit of the jimes*, à M. J. Stocken.
999. — *Diane*, à M. Cabrol.
1000. — *Phanor*, à M. Ribot.
1001. — *Heer*, à M. Ch. de Lagarde.
1002. — *Chica*, à M. Genu Régiol.
1003. — *Miss*, à M. Escofier.
1004. — *Magnus*, à M. le baron Leroy.
1005. — *Coubra*, à M. le comte de Mutrecy.
1006. — *Diane*, à M. Racquet.
1007. —

N° 1008. — *Diane*, à M. A. Raquet.
1009. — *Abeille*, à M. Alaux.
1010. — *Alerto*, à M. Alaux.
1011. — *Kébir*, à Mme Victorine Durdilly.
1012. —
1013. — *Diane*, à Mme Brunfaut.
1014. — *Lavocat-Pacha*, à Mme Brunfaut.
1015. — *Pyrame*, à M. Louis Manon.
1016. — *Héro*, à M. Édouard Drucker.
1017. — *Sultan*, à M. Edmond Laporte.
1018. — *Fantine*, à M. H. Vauthier.
1019. — *Ralph*, à M. E. de Rozière.
1020. — *Ire*, à M. Crosnier.
1021. — *Tigre*, à Mme Joseph Camus.
1022. — *Geler*, à M. John Wright.
1023. — *Kett*, à M. E. de Rozières.
1024. — *Flée*, à M. E. de Rozières.
1025. — *Plock*, à M. E. de Rozières.
1026. — *Leader*, à M. P. Comoléra.
1027. — *Musette*, à M. P. Comoléra.
1028. — *Mirza*, à M. le duc de Vallombrosa.
1029. — *Junon*, à M. Albert Barlow.

CINQUIÈME CATÉGORIE.

CHIENS DE LUXE.

39e CLASSE.

PETITS LÉVRIERS.

Levrette italienne.
Petite Levrette de Syrie.
Chien turc (*nu*).
Chien nu du Mexique et de Chine.
— à crinière.

Les chiens de luxe ou chiens d'appartement ne sont que des diminutifs des grandes races qui ont pris naissance dans différentes parties du globe. On devrait donc les classer à la suite de chacune des races dont ils tiennent leurs caractères, mais le rang important que leur a donné la fantaisie et la mode devait leur ouvrir, dans un concours, des catégories spéciales où ils ont été rangés d'après cinq types différents autour desquels ils viennent se grouper d'une façon assez naturelle.

Parmi les petits Lévriers, la *Levrette italienne* est l'une des races les plus connues; ses formes sont remarquablement fines et légères et elle doit être d'assez petite taille. La robe est en général d'une seule couleur, le poil fauve, doré ou gris de souris, est le plus recherché. Une curieuse espèce de petit Lévrier est le *chien nu de Chine* dont la peau satinée est complétement dépourvue de poils. Le dessus de la tête, la nuque et les oreilles sont couverts cependant de longues soies raides, noires et blanches; la queue se termine par une touffe des mêmes crins. Ces chiens ont été introduits dans l'Amérique du Sud par les ouvriers libres que l'on est allé recruter en Chine pendant ces dernières années, et y sont devenus assez communs surtout dans le Pérou. Dans les croisements de ces chiens avec différentes races, l'absence du poil sur le corps est un caractère qui a toujours persisté, mais les soies de la tête ont été remplacées par le poil de la race qui avait servi à faire le croisement, et l'on a ainsi obtenu des animaux si non jolis du moins très-originaux. (PICHOT.)

40e CLASSE.

PETITS ÉPAGNEULS.

King-Charles.
Bleinheim.
Épagneul chinois noir et blanc.
Chiens du Japon, de Chine (à jambes courtes).

Les petits Épagneuls comptent plusieurs races très-célèbres et ont de tout temps été les chiens de luxe les plus estimés. Les *King-Charles* prennent leur nom de Charles II d'Angleterre, et cette race depuis cette époque a été conservée dans toute sa pureté par les ducs de Norfolk. Ils ont le museau très-court et la tête remarquablement ronde; l'œil est proéminent, les oreilles tombantes et couvertes de longs poils soyeux et légèrement ondés, trainant jusqu'à terre, leurs pattes même en sont abondamment fournies; enfin, ils doivent être noirs, marqués de feu aux yeux et aux pattes. Il y en a une variété noire et blanche, mais qui est plus grosse que l'espèce noire et feu, et moins estimée. Le *Blenheim* a à peu près les mêmes formes que le King-Charles, mais son pelage, légèrement ondé, est blanc, marqué de taches orange foncé. Il prend son nom du château de Blenheim, près de Woodstock, dans l'Oxfordshire, où cette race est élevée avec grand soin depuis un siècle, quoiqu'elle soit en fait beaucoup plus ancienne. (RICHARDSON.) En Chine, on a trouvé deux races de petits Épagneuls de luxe très-remarquables par la longueur de leur corps, la brièveté de leurs pattes et le peu de longueur de leur museau; ils ont, en outre, la queue fortement recourbée sur le dos et formant presque un tour complet. La plus grande variété est d'un blanc jaunâtre; l'autre, beaucoup plus petite, est blanche et noire. Un trait caractéristique de leur physionomie, c'est que l'extrémité de leur langue pend presque continuellement en dehors de leur bouche, ce qui arrive souvent aussi pour les King-Charles.

41e CLASSE.

PETITS CANICHES.

Bichon havanais.	Bichon des Baléares.
— du Pérou.	— d'Autriche.
— de Malte.	Chien lion.

Dans cette classe ont été rangés tous les chiens de luxe à poil laineux ou soyeux généralement désignés sous le nom de Bichons. Le *Bichon de Malte*, l'un des plus jolis, est d'une origine très-ancienne. Strabon en fait mention et il est représenté sur quelques monuments romains. Son corps est assez long, sa tête ronde, ses oreilles tombantes et il est couvert de longues soies d'un blanc pur ou jaunâtre, quelquefois aux pattes et aux oreilles qui traînent jusqu'à terre et qui sont d'une finesse remarquable. Sa queue est fortement recourbée sur le dos et garnie aussi de longues soies de la même nature. (Hamilton Smith.) A la Havane, on trouve une race analogue mais beaucoup plus petite et couverte d'une toison plus fine et plus soyeuse ; ceux qu'on a amenés en Europe ont rarement pu résister longtemps à notre climat. Ceux du Pérou ont le poil moins soyeux et tirbouchonné et leur toison est moins épaisse. Le *Bichon des Baléares* a le poil frisé en boucles et laineux du caniche, sa queue est recourbée sur le dos. Le *chien Lion*, devenu rare aujourd'hui, avait le pelage fourni sur la tête et le cou, et ras sur le reste du corps; il avait un bouquet de poils à l'extrémité de la queue, et sa couleur était fauve.

42e CLASSE.

PETITS TERRIERS

(Au-dessous du poids de 2 kilogr. et demi)

Terrier noir et feu.	Terrier jaune.
— blanc.	— noir.

Les petits Terriers reproduisent très-exactement les formes des Terriers ordinaires dont ils descendent : le *Toy-Terrier* des Anglais, ou *petit Rattier*, est absolument le Terrier noir et feu, son crâne est cependant plus rond et les yeux sont très-sortis. Ils ne doivent pas avoir le moindre poil blanc et leur pelage est souvent très-rare, surtout sur la poitrine et le ventre. (Wood.)

43e CLASSE.

CHIENS DIVERS DE LUXE ET D'APPARTEMENTS.

Carlin (Mopse ou Pug-dog). | Chien d'Alicante, etc.

Parmi les autres espèces de chiens de luxe, il importe de signaler le *Carlin*, jadis très-commun en France et qu'on ne retrouve plus guère qu'en Angleterre, où ces animaux se payent souvent des sommes énormes. Le Carlin a la tête toute ronde, le front haut, le museau court, mais le nez ne doit pas être rejeté en arrière. Son pelage est de couleur café au lait ou isabelle, et il a toute la figure, jusqu'aux yeux, d'un noir foncé qui doit se terminer brusquement. C'est ce que l'on appelle le masque. La queue est fortement recourbée en anneau sur un des côtés de l'arrière-train et non sur le dos, sa taille est petite et il est un peu bas sur pattes, les oreilles sont demi-tombantes mais on a l'habitude de les couper au ras de la tête. (Wood.) Le chien d'Alicante avait les mêmes formes que le Carlin mais le pelage bouclé de l'Épagneul d'eau. (Hamilton Smith.)

CHIENS DE LA CINQUIÈME CATÉGORIE.

N° 1030. — *Skept*, à M. Dusser.
1031. — , à M. Philibert.
1032. — *Mina*, à M. Louis Tavernier.
1033. — *Rosette*, à Mme Tournaire.
1034. — *Bichette*, à M. Sanford.
1035. — *Aramis*, à M. Sanford.
1036. — *Athos*, à M. Sanford.
1037. — *Gipsy*, à M. Jacob Alexandre.
1039. — *Toul*, à Mlle J. Bertrand.

N° 1040. — *Follette*, à M. Lizée.
1041. — *Fanisme*, à M. Ravry, fils.
1042. — *Blanche*, à Mme la comtesse de Ch.
1043. — *Rigolette*, à M. Jacob Alexandre.
1044. — *Fox*, à M. Colin.
1045. — *Follette*, à M. Colin.
1046. — *Chiffon*, à Mme Fontenay.
1047. — *Perle*, à Mme Fontenay.
1048. — *Miss*, à M. Émile Radigon.
1049. — *Stop* et *Love*, à M. Victor Duvochel.
1050. — *Ralph*, à M. Quillou.
1051. — *Peï-ho*, à M. Alphonse Parfu.
1052. — *Tulipe*, à M. Jacques Grisard.
1053. — *Sage*, à Mme Fontaine.
1054. — *Miss*, à M. Levray.
1055. — *Chine-Chine*, à M. Alphonse Parfu.
1056. — *Truite*, à Mme Fontaine.
1057. — *Mirza*, à M. Thomas Lanham.
1058. — *Track*, à M. Dusserre.
1059. — *Noli*, à Mme la comtesse Kleczkowska.
1060. — *Prince*, à M. John William Guppy.
1061. — *Friquet*, à M. Lefrancq.
1062. — *Duke*, à M. George Hitter.
1063. — *Tom*, à Mme Soins d'Alégambe.
1064. — *Touka*, à M. Fries.
1065. — *Napoléon*, à M. Sir Robert Clifton.
1066. — *Duke*, à M. John William Guppy.
1067. — *Bouleau*, à M. Lesourd.
1068. — *Follette*, à M. Adrien Foussereau.
1069. — *Miss*, à M. Allemandi.

N° 1070. — *Cheri*, à M. William Bartlett.
1071. — *Prince*, à M. Sir Robert Clifton.
1072. — *Finette*, à M. Iffernet.
1073. — *Follette*, à M. Puech.
1076. — *Miss*, à Mme Bridault.
1078. —
1179. — *Ponpon*, à Mme de Juigné.
1080. —
1081. — *Follette*, à M. Galard.
1082. — *Zouzou*, à M. Couarraze.
1083. — *Duc*, à M. Couarraze.
1084. — *Chiquette*, à M. Couarraze.
1085. — *Cora*, à Mme Arsène Delasalle.
1086. — *Cora*, à M. Eugène Daubrée.
1087. — *Pouce*, à M. Haillot.
1088. — *Follette*, à Mme Marie Paturel.
1090. — *Mignonne*, à M. Jacquet.
1091. — *Lody*, à Mme Dubuc.
1092. — *Rita*, à Mme Dubuc.
1093. — *Pépé* et *Lisette*, à M. Lefèvre.
1094. — *Pépita*, à M. Herdt.
1096. — *Marquis* et *Frise*, à Mme veuve Planquet.
1097. — *Frisette*, à Mme veuve Planquet.
1098. — *Petite*, à M. Ravry fils.
1099. — *Toquette*, à M. Ravry fils.
1100. — *Ritta*, à Mme Bianchi.
1102. — *Stella*, à M. Rolland.
1103. — *Leda*, *Rita*, *miss Alba*, à M. Rolland.
1104. — *Léda*, à M. J.-L. Zoni.
1105. — , à M. Foussereau.

N° 1106. — *Follette*, à M. Foussereau.
1107. — *Coquette*, à Mme la marquise de Jovyac.
1108. — *Mouche*, à Mme Bernard.
1109. — *Rita*, à Mme de Bez.
1110. — *Mirza*, à Mme Dubuc.
1111. — *Pompette*, à M. Martin.
1112. — *Bijou* et *Coquette*, à M. Deligne.
1113. — *Risette*, à M. Richard Baudouin.
1114. — *Tom*, à M. Wezoufs.
1115. — *Lucrèce*, à M. Simonnet.
1116. —
1117. — *Mauviette*, à Mme la comtesse de Fayet.
1118. — , à M. Ponceau.
1119. —
1120. — , à M. Richard Gouby.
1121. — *Der-Affe*, à M. Gauthier.
1122. — , à M. Grenier.
1123. — , à M. Péarson.
1124. — *Brise-Barrière*, à M. de Perret.
1125. — , à Mme de Chadwich.
1126. — *Ninon*, à M. le baron Abel Roguiat.
1127. — *Dickette*, à M. Paris.
1128. — *Kiki*, à M. Baker.
1129. — *Rigolette*, à M. Decré.
1130. — *Follette*, à M. le comte Edmond Thornton de Mounic.
1131. — *Kiss*, à Mme Margouet.
1132. — *Tiny*, à Mme la comtesse de Fayet.
1133. — *Nelly*, à M. John William Guppy.
1134. — *Billy*, à M. Sir Robert Clifton.

1135. — *Jack*, à M. John William Guppy.
1136. — *Jenny*, à Sir Robert Clifton.
1138. — *Tiny*, à M. Richard.
1139. — *Tipsi* et *Tiny*, à M. J. Chandlear.
1140. — *Mignonne*, à Mme Dubois.
1141. — *Favorite*, à Mme Pignot.
1142. — *Aoussa*, à Mme Pignot.
1143. — *Miss*, à M. Pignot.
1144. — *Rita*, à Mme Gombert.
1145. — *Mexico*, à Mlle Fourmariez.
1146. — *Puébla*, à Mlle Fourmariez.
1147. — *Fauvette*, à Mlle Fourmariez.
1148. — *Prince*, à M. Charles Bamford.
1149. — *Charley*, à M. Charles Wilkinson.
» — *Kitty*, à M. Charles Wilkinson.

LISTE DES MEUTES EXPOSÉES.

Nos 2 et 3. — *Chiens Vendéens* à poil ras, à M. Baudry d'Asson.

4 et 5. — *Chiens Bâtards Anglo-Saintongeois*, à M. Ramier.

6 — *Chiens Gascons-Saintongeois*, à M. Piston d'Eaubonne.

7 — *Chiens Bretons*, à M. de Madec.

8 — *Chiens Normands*, à M. Flour.

9 — *Chiens Bâtards*, à M. Candelier.

10 — *Chiens Anglo-Poitevins*, à M. de Béjarry.

11 —

12 — *Chiens Anglo-Poitevins*, à M. de La Besge.

13 — *Chiens Bâtards Vendéens*, à M. le marquis de Langle.

14 —

Nos 15 — *Chiens Bâtards Normands*, à M. Houdaille.

16 — *Chiens Bâtards Poitevins.*

17 — *Chiens Bâtards Poitevins*, à M. Laurence.

18 — *Chiens Bâtards Normands*, à M. de La Broise.

19 — *Chiens Anglais* ,à M. le comte d'Osmond.

20 — *Chiens Griffons Nivernais*, à M. de Champigny.

21 — *Chiens Anglais*, à M. le Cte d'Ambrugeac.

22 et 23. — *Chiens Anglais*, à M. Paul Caillard.

24 — *Chiens Harriers*, à M. le comte d'Osmond.

25 — *Chiens Harriers*, à M. Chapmann.

26 — *Chiens Anglais*, à M.de le Cte Laferrière.

27 —

28 —

Paris, imp. Paul Dupont, rue de Grenelle-St-Honoré, 45. (1726.6)

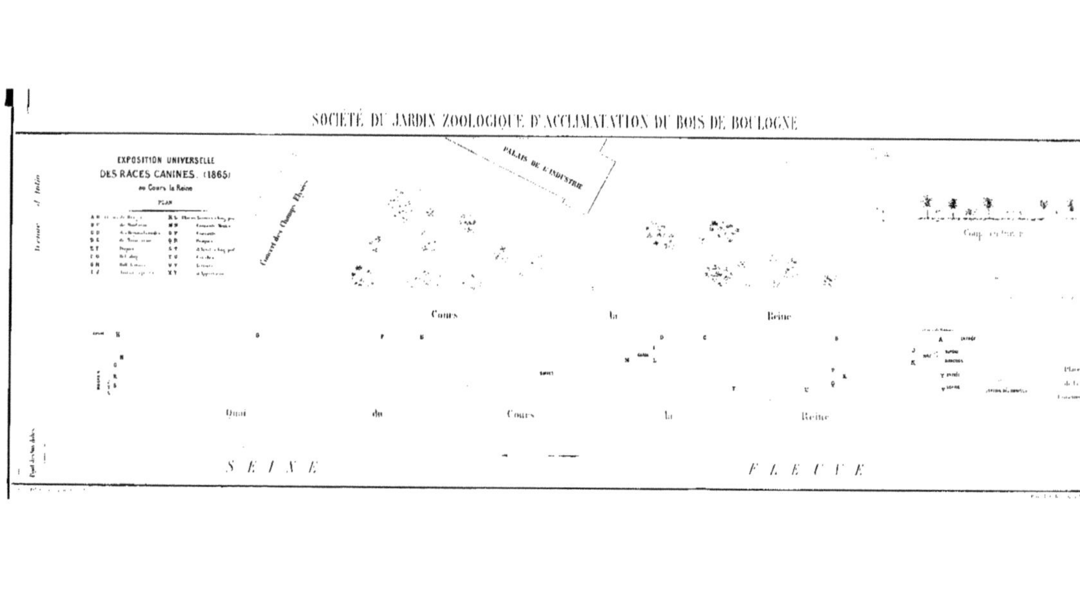
SOCIÉTÉ DU JARDIN ZOOLOGIQUE D'ACCLIMATATION DU BOIS DE BOULOGNE
EXPOSITION UNIVERSELLE
DES RACES CANINES (1865)
au Cours la Reine
PLAN
Concert des Champs Elysées
PALAIS DE L'INDUSTRIE
Cours la Reine
Quai du Cours la Reine
SEINE FLEUVE

www.ingramcontent.com/pod-product-compliance
Ingram Content Group UK Ltd.
Pitfield, Milton Keynes, MK11 3LW, UK
UKHW020355180726
13839UKWH00003B/1124

9 782329 362410